U0501025

破局思考术

让头脑变聪明的思考方法

頭がよくなる思考術
頭がよくなる逆說の思考術

〔日〕白取春彦 ——— 著

李萌 ——— 译

北京联合出版公司
Beijing United Publishing Co., Ltd.

图书在版编目（CIP）数据

破局思考术：让头脑变聪明的思考方法 /（日）白取春彦著；李萌译. -- 北京：北京联合出版公司，2024.5

ISBN 978-7-5596-7495-1

Ⅰ.①破… Ⅱ.①白… ②李… Ⅲ.①成功心理—普及读物 Ⅳ.①B848.4-49

中国国家版本馆CIP数据核字（2024）第053768号

頭がよくなる思考術
ATAMA GA YOKUNARU SHIKOUJUTSU
Copyright © 2005 by 白取春彦
頭がよくなる逆説の思考術
ATAMA GA YOKUNARU GYAKUSETSU NO SHIKOUJUTSU
Copyright © 2013 by 白取春彦
Original Japanese edition published by Discover 21, Inc., Tokyo, Japan
Simplified Chinese edition published by arrangement with Discover 21, Inc.
through Chengdu Teenyo Culture Communication Co.,Ltd.
北京市版权局著作权合同登记号 图字：01-2024-1423号

破局思考术：让头脑变聪明的思考方法

作　　者：［日］白取春彦
译　　者：李　萌
出 品 人：赵红仕
选题策划：小象柑橘
责任编辑：李　伟
特约编辑：赵艳丽
封面设计：蔡小波
内文排版：末末美书

北京联合出版公司出版
（北京市西城区德外大街83号楼9层　100088）
北京联合天畅文化传播公司发行
北京美图印务有限公司印刷　新华书店经销
字数109千字　787毫米×1092毫米　1/32　7.5印张
2024年5月第1版　2024年5月第1次印刷
ISBN 978-7-5596-7495-1
定价：52.00元

前　言

请找个安静的地方阅读这本书。

读完之后，你会觉得通体舒畅，仿佛被凛冽的清水洗涤过一般。

你还会迸发出许多新的想法，形成新的价值观。就像戴上了新配的眼镜一样，世界变得异常清晰。

我年轻时也有很多烦恼，多希望有这样一本书供我阅读，也许会少走很多弯路。因此，我把这本书献给过去的自己。

同时也献给年轻人，想重新来过的人，曾经考虑过放弃人生的人。

还有其他许许多多的人。

目　录

第一部分
破局逆向思考术

第一章　破坏人生的方法

第二章　不要盲目追求方法论

第三章　要分清大事和小事

第四章　至死也不能安心

第二部分

破局思考术

第五章　锻造"会思考"的大脑

第六章　锤炼"不迷惑"的头脑

第七章　修炼"快乐生活"的大脑

第八章　打造"清晰"的头脑

第九章　磨炼"创造性"大脑

第一部分

破局逆向思考术

第一章

破坏人生的方法

1 破坏人生的方法

即使不犯罪，也有许多摧毁人生的方法。

例如凡事先考虑自己的得失，想要的比别人多；排挤可能成为敌人的人；趋炎附势，看人下菜碟。

还有，追求极致的快乐和刺激，认为自由就是撒野，却只允许自己撒野。

此外，做事不认真，把麻烦事交给别人，把功劳和报酬据为己有。

认为耍小聪明是智慧。

过度追求方法论。

不读书，却把道听途说当成事实。

嫉妒、中伤、嘲笑、攻击他人。

决不受一点委屈。

吝啬、小气。

只允许自己行事拖沓和低效率。

有不起眼的小偷小摸行径。

认为自己有权愤怒和发脾气。

喜欢喧嚣，总想处于节日氛围中。

产生能永生的错觉，或轻视自己。

当你长期处于这种状态，或类似的状态，那么你的人生也许将走向毁灭，**一无所有，等待死亡。**

2 极致的快乐是毁灭

自古以来，人们说禁欲是美德，想要禁欲的人都这样认为。这种想法来源于"只要禁欲就能脱离苦难"的美好愿望。

禁欲很简单，杜绝嗜好和欲望即可，仅此而已，不费吹灰之力。

例如，停止过度饮酒，戒掉不良习惯，戒掉淫靡之乐。如果说这些快乐对自己和他人都有害，那么禁欲是最好的解决办法，因为禁欲会使自己和他人的内心安宁。

但是，也有人认为禁欲很痛苦。这种痛苦在于虽然戒掉了某些嗜好，但心里却还想着这些嗜好带来的快乐。

也就是说，人的行为和思考很难同步并保持一致。而且一旦禁欲，心里会不停地认为那个欲望比以前更丰满，更吸引人，因此变得愈发痛苦。

如果实在受不了，那就不要禁欲，完全沉浸在你想要的快乐和欲望中。

这时，神奇的事情发生了。**你会发现心里一直苦苦追寻的快乐，一旦实现也不过如此，如此微不足道，如此虚幻。**

于是，你会对满足欲望这件事感到失望和气馁，下次即使不克制欲望也会停止对欲望的追求。当然，也会出现相反的情况，你觉得不甘心，无论如何也要享受更极致的快乐，于是陷入更激烈的追求中。

如果选择了后者，你会变得更加沮丧和空虚。

会因为寻找极致的快乐而堕入深渊，无法回头。而且，这么做本身也加深了痛苦，简直像身处地狱一般。

然后，你会不知不觉地习惯在地狱里踽踽独行，最后人生将一事无成，生命将消耗殆尽。

3　创造性地生活

　　我们常常被称为消费者。姑且不论这个称呼是否带有贬义色彩，当我们消费时一定会被塞进某个被设计的框架内。例如，想要买什么东西，就要去卖那个东西的店铺进行选择和购买。

　　我们以为这是自由购买，但实际并非如此。我们只是从商家准备好的、有限的商品中选择几个而已。所以，消费者是一群只能在某一范围内进行选择的人。

　　这种被框架限制的情况不仅出现在购物方面。在人生的各个方面亦是如此。可以说，**我们的人生充满了被提供的机会和被限制的选择**。

　　小时候选择学校，为了去某所学校而选择在某地生活。毕业后选择职业或单位，接下来选择配偶。上了年纪后选择退休时间，选择癌症的治疗方法，在人生的最后阶段选择延长生命的措施。

　　也就是说，**总是选择现成的东西**，简直就像自助餐一样的人生。

　　然而，我们对此毫无感觉，甚至觉得能够选择才是对的。

　　因为有很多选择，所以我们误以为这是自由的、随心的。其实，无论你有多少选择，它终究像一条两边被围栏围起来的路一样，是受限的。这些限制悄悄地操控着我们的生活，它是生态，是时代风气，是某一时代特有的想法和价值观。如果跨越围栏，会被指责为不道德，不正常，或是落伍。那么，站在围栏上，沿着摇晃的、危险的围栏前行会怎样呢？

　　如果用什么词来形容这种做法的话，那就是创造性地生活。也就是说，不选择货架上的东西，不享受被给予的快乐，**自己创造出围栏之内没有的东西**。

　　这些东西可以是某个物品，某个想法，或是某种生活方式。如果做得好，就会成为艺术。如果做得更好，将创造出一条打破传统的路，一条能让更多人行走的新路。

即使做得不好，也能活出自我。创造的乐趣，不是那些站在自助餐桌前，夹取一成不变的菜式的人能够理解的。因为创造才能活出自己的人生。

4 贫困的人生源于无法自主

坐牢就是剥夺自由。所以，监禁和有期徒刑的本质是剥夺自由。

如果不自由，就不能自主地生活，那么即使被分配到带免费三餐和免费医疗的房间，也很痛苦。

但是，就算没坐牢，有些人也活得不自由，每天过得都很痛苦。要问这类人是谁，就是**只知道服从和应答的人**。

被公司领导命令"做这个"，就会遵照执行，觉得这是本职工作，不觉得这是在服从。因为在他们的认知中，工作就是想办法处理被命令的事，就是有些辛苦罢了。

而且，如果不做的话会被斥责，奖金也没了。计算得失之后，发现还是要好好工作。然而，这并非出于自己的本意，是被逼的。工作对于他们来说，就是上级施加的苦役。

工作之外，他们也无法主宰自己的生活。例如，他们会根据对方的言语和行为改变自己的态度和意见，并认为这样做会使人际关系变好。处理任何问题都如出一辙，时刻模仿别人的做法。

休息日表现出对外界事物的木讷应答；看电视时在该笑的地方笑；购买广告里宣传的商品；只要价格便宜就开心；梦想着能在招聘杂志里找到更轻松、更高薪的工作。

他们过着漫不经心地接受一切，并一笔勾销的日子，不断地服从和应答，和被关押的囚犯没两样。

因为存在感低，没有自主性，所以在任何情况下都会被当成工具人和跑腿的。

其实，他们内心深处所感受到的痛苦已经证明了这并非正确的生活方式。**事实上人生并不痛苦，因为他们轻视自己的人生，所以才感到痛苦。**在他们心里贫困像霉菌一样不断滋生。

5　塑造不动摇的人生

愤怒、反应过度、内心波动、烦躁，这些内心的动摇不是由性格决定的。

而是在下列情况下产生的：

对某事感到愧疚。

意识到有义务去做却置之不理。

逃避责任，不正视它。

对某事抱有幻想。

想保守秘密。

如果你想无所畏惧、堂堂正正地活下去，努力活出精彩的人生，**那就要正视令自己动摇的东西，赤手空拳，以自己的方式战斗，并把它看作轻易就能跨越的小事。**

于是，你会感到终于卸下了肩上的重担，每天都过得轻松自在。你会听到大自然悦耳的声音，过着以往没有体会过的安宁日子。

6　从传记中学东西

建议阅读传记，不是某人的发迹故事或成功谈之类肤浅的东西，也不是赞扬某人功成名就、歌功颂德的东西，更不是趣味性的东西。而是以辛辣、深刻的笔触挖掘某人的罪、矛盾和内里的传记。

例如，斯蒂芬·茨威格撰写的传记，或者，现代作家从现实意义出发撰写的高品质传记。

有人觉得，传记之类的东西记载的只不过某人生平的一小部分内容。其实不然，这些传记暗藏着许多有用的哲理。

要说这些内容对谁最有益，当然是对阅读传记的人。只要意识到某些内容的重要性，就会给人生带来莫大的帮助，甚至可以重新审视自我，改变自我。

7　人生的极限

再好吃的饭菜也不能吃得撑破肚皮，再高级的衣服一次也只能穿一套，再精美的鞋子一次也不能穿两双。

即使购买了整个图书馆的书，也只能手持一本。身处茫茫人海中，也只能和一些人面对面交流，和少数几人建立友谊。

我们终究只能活在自己这唯一的人生里，即便如此，就只能感受孤独、缺憾、不满足吗？

其实不然，这反而是一件令人感到富足的事情。一个人的人生难道不够庞大吗？人虽然说是社会性的动物，但能群居，也能独处，由此而更好地感悟和体验人生。所以对于想好好生活的人来说，已足够。

8 恢复活力的休止符

乐谱上不仅记录着音符，也记录着休止符。遇到休止符就不用演奏，也就是无声。**但无声也是音乐。**

如果把每天的生活比作即兴音乐的话，那乐谱中一定会有休止符，也就是休息时间。

这个休息不是传统的午餐或午休时间，而是将内心的喧嚣、担忧、思念等情绪排解掉，彻底放松身心，放空自我的时间。

即使暂时远离工作，也会因为牵挂工作而得不到休息。休息不好，身体就会疲乏，新鲜的、强大的力量就无法涌现。

经常看到脸上焦虑、憔悴的人们拖着疲惫不堪的身躯穿梭在电车里和大街上。**他们的身上没有任何吸引力，也不见活力。**这些被昏暗氛围笼罩、沉闷的人不可能吸引他人。而无法吸引他人，就意味着得不到良机。

因此，一天之中最好有两三次休止符，这对工作和生活尤为重要。

　　让内心休息十五分钟或二十分钟就可以了。在这期间，身体不要动，心也不要动。当然，情感也不要有波动。

　　总之，**什么都别想**，让一切远离自己，渐渐放空自己。之后，慢慢呼吸，不一会内心会变得透明，心情也变得清澈。

　　有了休止符之后，就可以冷静地把握问题和事态。不会因为琐事使自己烦躁，也不会有厌烦的情绪。

　　然后，你就可以沉着冷静地处理事情了。

9 要有忘我的状态

焦急地等人时，会觉得时间过得特别慢。

但是，如果利用等人的空当钻进书店，找几本感兴趣的书读一读，时间很快就过去了。不仅如此，还会忘记时间。

大家都有过这样的经历吧，之所以觉得时间慢，或忘记时间，是因为人们对时间的感受和自己的心情息息相关。

也就是说，**当自己完全沉浸于某事时，几乎感觉不到时间的流逝**。相反，没有融入某事时，会觉得自己在时间的重压下缓慢前行。

当我们感觉时间过得慢时，基本处于以下状态：散漫、不协调、抗拒、焦虑、分歧、不理解、不同步、不和谐、敌对、不安等等。感觉时间过得快，意识不到时间的存在时，大致处于以下状态：同化、同调、和谐、理解、集中、专心、痴迷、同步、随心、感应、协调等等。

当工作或人际关系进展顺利时，很显然你的状态处于后者。也就是说，当内心或行为与自己相关的东西融合在一起时，或者两者协调时，事情就会进展顺利，目标就会实现。

随之而来的是获得成就，感到充实、满意、宁静，也会感受到绚烂的燃烧，或是内心的平静。

心意相通、内心交融亦是如此，例如，相爱时感受不到时间，好像时间被人藏起来了一样。像这样融入某事，忘掉时间所获得的喜悦，以及完美地做事所获得的喜悦，都会令人沉醉。

大概，这种忘我的喜悦是人类追逐的本源吧。在古籍中，它常常被称为"永恒的瞬间"。在这永恒的瞬间，人是最具创造性的。

工作完全按照自己的意图进行。看待事物异常清晰，就像高速前进的球体突然在眼前停下，连接缝都能看得一清二楚一样。内心可以准确地掌握下一步的发展。即使不思考，新想法也会像润滑的车轮一样滚滚而来。感觉对方的心和自己的心融为一体。

这些特别的感觉源于意志的集中和专注。**也就是说，当人处于连自我意识都忘记的状态时，会变得更具创造性。**

特别是从事创造性工作的人总能体会到这种感觉。体会多了，自然掌握了诀窍。因此，他们会比别人花更短的时间，完成更出色的工作。

有几种训练方法可以达到这种忘我的状态，古代时是冥想。现代的话，最简单的方式莫过于听音乐了。音乐有一种力量，**只要音乐声响起就可以把精神汇集到一处。**

虽说如此，如果戴着耳机走在街上的话，不会有效果。因为听觉、视觉和身体感觉分散了，不统一，所以心不会融为一体，反而更涣散。

　　如果想轻松地体验音乐带来的时间永恒和身心集中，那么德彪西的《月光》会告诉你效果。当曲子溢满空间时，时间瞬间远去，好似眼前一片月光。

10 时尚是一种礼貌

即使精心打扮了身体，也打扮不了人生。

但是，如果把自己弄得肮脏、邋遢，会令人讨厌，遭到疏远，说严重点，会失去人生的方向。

时尚是一种礼貌，是在乎对方、尊重对方的表现。因为在乎和尊重是美德，所以时尚也是美德。

相反，如果时尚的出发点只是为了掩饰自己或伪装自己的话，那么早晚有一天会被对方识破自己的表演。

而且，大家都知道真正的美不是表演。

11　不要对人吝啬

"Miesmacher"这个词是德语常用词。

我手头的日德词典翻译为"吝啬的人，扫兴的人"。另外，也可以翻译为"泼冷水的人"。

如果有噩运的话，这种人很容易遭遇噩运。因为他们讨厌喜事，讨厌看到别人的快乐和成功，把光明的日子弄得灰暗，就像拿着一把锋利的斧头乱劈一样，伤害周围人的心情。

但是"扫兴的人"也有自己的说辞，他们会说："既然这个世界上有好事发生，那就有坏事存在，所以我只是告诫大家不要忘记这一点，不要得意忘形，好好地看清现实而已。""为了让大家冷静一点，我可操了不少心。"等等。

这些说辞好似有些道理，其实是强词夺理。能说出这些话的人既懒惰又卑鄙，内心充满了对他人的嫉妒。

为什么会嫉妒，原因很明显，"扫兴的人"不会积极主动地凭借自己的能力寻求想要的东西，他们对此毫无经验，只会袖手旁观地等待侥幸的降临。而且他们深信自己比别人优秀，只是那些蠢货还没有发现自己的优秀而已。

其实，这种做法已经使他们身陷噩运之中了，"扫兴的人"今后也不会成功。因为那些肯做事的、被人们敬佩和成功的人，与他们完全相反，**都是生活在阳光下的人，远离卑劣和肮脏。**

第二章

不要盲目追求方法论

12 凡事只有坚持到底才能获得宝贵的经验

经手的事无论如何都要做到底，这很重要。

即使最后可能会失败，也不要中途放弃，坚持到底，做到最后。

只有把一件事情做完整了，才能获得完整的经验。这份宝贵的经验将成为你日后上升的阶梯。

即使失败了也能获得经验。或者说，正因为失败了，才能迈向下一个阶段。失败绝不会使人倒退。

但是如果中途放弃的话，会被深深的自责所困扰。放弃的瞬间或许能体会到逃避带来的解放感，但没过多久就会偷偷地鄙视自己，那才糟糕。

有些人中途放弃是因为预见了不好的结果，或是感到自己会有损失。然而，即便如此又能怎样？

因为预想不是现实，未必会成真。但你会因为中途放弃而心情混乱，陷入沮丧、失望的情绪中。

所以，即使做不好也没关系，总之要竭尽全力。不要纠结于结果，专注地、忘我地去做，并做到最后。

无论什么事，**即使看起来是微不足道的事，也要这样做。**

13　所谓的才能就是能做成事

在这个世界上有很多种迷信，有一种是"坚信某事是真理"，比如坚信"才能是某人生来就有的"，"才能是遗传的"。

所谓才能，并不是生来就有的、潜在的东西，也不是暗中积蓄起来的某种特别的力量。

才能并非看不见、摸不着，而是在现实中显而易见。简单地说，所谓的才能就是能做成事。

不是因为有绘画的才能，才成为画家，而是因为画了画才成为画家。同理，也不是先有写小说的才能，才成为小说家，而是写了小说之后才成为小说家。做生意也一样，先做生意，然后具备商业才能。

什么都没做，就说某人有某项才能是无稽之谈。

所以，不要认为自己没有才能。如果没有的话，就给自己移植一些。

想移植才能很容易，**做点什么就好，要从头到尾地做到底，然后这件事就会成自己的才能。**

总之，才能就是坚韧的行动力。

14 专家是什么样的人

专家是什么样的人呢？

专家是能发现问题和解决问题的人，他们在解决问题的过程中发挥能力，展现个性，最终完美地做成某事。专家得出的结果不仅充分，还能使他人受益。

跟头衔和资质完全没有关系，他的人就代表着他所从事的工作，这就是专家。

即使是这样的人，也不可能总是轻易地完成工作。在面对工作时，他们会挥汗如雨，刻苦钻研，孤独思考，反复尝试。当然偶尔也会想着逃避，或者悄悄地寻求帮助。他们经历挣扎，然后又重新找回自我，在某个瞬间、契机下完成工作。

然后，专家们最后会向大众说"谢谢"。**那不仅出于礼貌，也是他们的心里话。**

15　不要束缚自我

如果觉得自己不擅长做这件事的话，就真有可能做不好，甚至不想尝试。之所以会这样，是因为自己已经提前束缚住了自己。

即使知道这样做不好，人们也会以其他的形式束缚自我，限制自己的可能性。比如，给自己的性格下定义。

如果觉得自己的性格是顽固的、不灵活的，那么处理事情时就会显得顽固、不灵活。如果总是顾忌自己性格上的缺陷的话，那么性格上的缺陷就会在这件事情上显现出来。

不要认为每个人都有一成不变的性格和个性，这跟相信鬼故事真实存在一样不切实际。我们要看清现实，人的性格会在不同的情况下发生变化。

实际上，我们会在不同的场合采取完全不同的应对措施和行动，就仿佛自己拥有数十、数百张脸和人格一样。说得极端一点，谁能想到一位被周围人认为既和蔼又知性的人，在战争时期曾残暴地虐待人和杀人？

　　人的性格不是一成不变的，所以最好不要对自己和别人的性格耿耿于怀，不要对此思虑过多。

　　对性格的迷信越深，想法和行动越受限，那些介绍星座、血型、生肖、姓名笔画数、命运的妄言也最好不要看，不要信。

　　否则，我们的可能性就会变小，处处受限。所以，**只要不束缚自我，我们就有可能成为任何事物、任何人，变得更自由，展现出各种可能。**

16　经验可以塑造人

人为什么会后悔，哲学家叔本华是这样回答的："那是因为我们的想法前后发生了变化。事前我们对它的想法、认知和价值观是这样，事后变成了那样。如果想法从未改变，就不会后悔了。"

也就是说，人们的认知和价值观会因为做了某件事而发生变化。因为做事会获得经验，经验改变了原有的认知。姑且不论叔本华说法的可信度有多少，在现实生活中我们确实会因为经验而改变自己的想法、认知和价值观。

于是，人们得出了一个有意思的结论，有经验者比无经验者做事更熟练，能力更强。这个观点大部分正确吧。例如，在电脑游戏中，角色经验值越大能力就越强。

但是，如果放在活生生的个体上就未必完全适用了。例如，即使两个人同时参与同一项目并同时结束，**两人也会有不同的经历，获得的经验值和效果也会不同**。

有人深，有人浅。有人可能做一次就掌握了诀窍，有人却未必。

　　仔细想想，你会明白眼前的每一件事，从人际关系到日常琐事，都会改变自己。**就在这一刻，这一天，崭新的自我正在被塑造**。

　　所以，好好地生活并不是有意为之的善意之举，因为好好生活所获得的经验可以塑造明日的自我，成为滋养明日自我的养料。所以请认真对待每一天，不要认为每天获得的经验值都毫无意义和价值。

17　凡事认真参与才能发现意义

做事的意义在哪里？是事物本身已经蕴含了某种意义吗？不是。

做事的意义体现在人们对该事的干预上。一般来说，从外部无法获知，无论什么样的事，都不能事先推测其意义。

例如，育儿有什么意义？结婚有什么意义？人生有什么意义？

最悲惨的经历莫过于，就职前查找了大量的企业和职业的资料，就职后当你重新考虑工作的意义时，发现找不到工作的意义，因而又不甘地辞去工作。

有一种错误的思维习惯，认为只要认真思考就能得出正确答案，这是由考试定胜负的应试教育导致的，对学校的考试也许适用，但在现实生活中，**并不存在事先准备好的正确答案**。

也不存在有特殊意义的事，事就是事，只有参与才会发现其意义。

但是，做事的意义会因为如何参与而发生变化。如果半途而废的话，就丧失了意义。于是，人们会觉得那件事或那项工作毫无意义。

反之，**只要深入、认真地做事，就会发现其丰富的意义**，也许这个意义会上升为人生意义。

即使是同一件事、同一项工作，对每个人来说都有不同的意义。因为每个人的个性和处理问题的方式不同，所以感受到的意义也不同。因此，同一份工作由另一个人来做，会带来完全不一样的效果。

之所以吐槽技术和能力，是因为还没有发现其中的意义和乐趣。

只有超越了一定水平，达到了某个高度，才会发现其中的意义。就像登山一样，登到山顶，才能透过树木的间隙眺望远处的风景。

18　人要不断地"成为"什么

人小的时候爱谈论梦想和希望——"我长大以后想成为船长""我想成为画家",这些梦想可能会成真。

而"我想拥有一家小杂货店""我想成为有钱人",这些不是梦想,却未必能成真,或者说很难实现。

首先,为什么拥有杂货店不是梦想?因为只要拿出一些钱,下个月就能拥有一家杂货店。其次,为什么很难实现?因为你只是杂货店的拥有者,而不是经营者。也就是说,如果经营不善,你所"拥有"的杂货店可能随时倒闭。除非学习并积累经营知识,才有可能"成为"杂货店的老板。

由此可见,"拥有"和"成为"是两个完全不同的概念,而人们却常常混淆两者。

"拥有"可以增大"成为"的可能,但不一定能"成为"。例如,拥有很多钱增大了成为企业家的可能,但未必会创业成功,成为真正的企业家。

再比如老板的儿子年纪轻轻就接班当了老板，但是如果他没有很高明的经营手段，公司就无法良好地运转，很难长久地经营下去。

　　成为有钱人就更困难了，因为如果那个人不先"成为"什么，就不可能变得有钱。

　　因此，在"成为有钱人"这个说法中，"有钱人"这个名词和"成为"这个动词不应该轻易地搭配在一起。

　　这种说法忽略了"有钱人"的前提。并不是"成为有钱人"，**应该是先"成为"什么，然后才变得有钱，**例如成为企业家、成为大明星之后才有钱。"想成为成功者"的说法也一样。

　　马克·罗兰德的《哲学家与狼》（白水社）中有这样一句话："对于猴子来说，拥有什么非常重要，以拥有来评价自己。而对于狼来说，拥有什么并不重要，存在方式才重要。狼除了生存之外，最关心的不是拥有什

么和拥有多少，而是以何种形式存在。"（今泉美奈子译）

而人类是一旦拥有了什么，就坚信那东西属于自己，要和自己无间隙地黏合在一起。并且觉得拥有什么的自己是个很特别的人。

然而，事实并非如此，无论拥有什么都可能被夺走。于是，人就要和他人敌对，守护自己所拥有的。"守财奴"这个词就生动地刻画了这种状态。

因此，如果人只在乎"拥有"什么，就很难"成为"什么。**而"成为"什么才是人的本质**。如果不这样做，人就不是人，而是一种奇怪的生物。

总之，**人可以"成为"什么，但不能"拥有"什么**。可以成为消防员，成为军人，成为热情的人，人总是以自己特有的方式不断地"成为"什么。而狼一旦定型后可以一直维持这种状态。但人却不行，总要不断地"成为"什么才行。

如果我不写作，就不是作家，可能只是一个坐在飞机上移动的奇怪生物。如果政治家不设立法案为人民谋幸福的话，也只不过是一个巧妙地偷盗税金的生物而已。

十九世纪的哲学家尼采认为"人是成长的"，正因为成长，人才称得上是人。

"实现自我"这种说法也有待考究，因为没有一个现成的自我让人去实现。**不断地"成为"什么才能成长**。每个人都会因每次成长而蜕变，能蜕变才称得上是人。

所以，孩子们会用渴望的眼神无意识地描述着自己将来要成为什么。

19 固有观念很难产生新东西

有些人画了十多年的画，作品却很平庸。有些人最近才开始画画，作品却令人叹为观止。

这两种人的差别在于是否对绘画持有固有观念。

如果固执地认为"绘画就是这样的"，那么无论画多少，也只能画出与既有作品相似的画，画不出新意。

当然，不仅是绘画，音乐、诗歌、书法、写文章也是如此，其他的工作亦是如此。

很多人希望摆脱现状，过上富裕、自由的生活。但是，他的头脑里却充满了固有观念。

如果这样的人临时起意，想换个工作，例如成为建筑设计师。他一定先去建筑设计学校学习，毕业之后再去事务所工作。

这种按部就班的操作看起来像是为实现梦想而行动，**但实际上他只是按照头脑中的固有观念行事，在他心里这是唯一切实可行的方法。**

也就是说，他头脑里的固有观念是：先在专门学校里学几年建筑设计的基础知识，再出去实习、工作。

如果他对别人讲述自己的"梦想"的话，不仅会得到预期的反响，而且（头脑里同样被固有观念占据的）亲人和朋友还会称赞他的计划切实可行，实现度高，并大力支持。

退一万步讲，即使他最后能在事务所工作，也只能做一名普普通通的员工。为什么这样说，**因为他所做的一切都在遵循固有观念，毫无创新，所以他设计出来的**建筑也可想而知。

20　不墨守成规的人能成事

人们通过所见所闻，把事物的状态、样貌刻画在脑海里，作为人生经验运用到生活中。

同时，这些见闻也会成为一种偏见或固有观念，牢牢地扎根在头脑中。

许多人都会按照头脑里的偏见和固有观念生活，并深受其影响。这样的人数量众多，很容易达成共识。**世间发生的大多数事情都是人们在确认了彼此的常识之后达成的**。于是，庸俗的人越来越多。

他们虽然庸俗，却心存侥幸。他们认为按照自己现在的状态，再拥有一样东西，就能成为了不起的人。

这个东西可能是才能、资金、资格、机会、人脉、环境、时间、健康等等。一旦拥有了，自己的情况就会完全改变，变得有名，变得有钱，成为自己应有的样子。

但实际上，**真正了不起的人却没有这样的想法**，他们不觉得自己还少一样东西。

他们不对任何事物持有固定观念，思考问题也会脱离一般常识，在所谓的有常识的人眼中他们是怪人。

能成功并非因为他们奇怪，而是因为他们能自由思考和行动，**用新的手段，或以打破常规的方式去做事**。

说得极端点，庸俗的人和不墨守成规的人从一开始就走在不同的路上。

尽管如此，庸俗的人仍旧想知道怎样才能拥有自由的想法，却没有发觉**这么想本身再庸俗不过**。为什么这样说，是因为他们想得到做事的诀窍和方法。

之所以想得到方法是因为他们坚信有一条现成的路可以走，就好像只要去了学校，就会学到一些现成的知识一样，道理相同。

他们的思维被固有观念所束缚，想法不自由。可以说是一群凡夫俗子。

21　不要盲目追求方法论

天主教神父安东尼·德·梅勒的著作《东西皆无》（斋田靖子译/安德莱书店）中有这样一段逸闻。

"我在老师您这里已经生活四个月了，您还没传授给我任何方法和技巧呢。"

"方法？"老师问，"为什么想知道方法？"

"为了达到内心的自由。"

老师大笑着说："不，完全没有。所谓的方法不过是陷阱，跳下陷阱会牺牲很多。"

从这段对话可以看出，弟子在寻求方法时，一边忍耐一边焦急等待。很多想摆脱现状的人也和这个弟子一样，在忍耐和焦急中苦苦追寻。去深山里寻找长生不老的灵丹妙药的古人也是如此，苦苦寻觅却求而不得。

他们认为那些已经得到了自己想要的东西的人一定知道什么特别的方法、奥义、秘籍、诀窍等，并将之隐藏起来了。

之所以这样想，是因为受到了固有观念的束缚。如果仍旧固执己见，就不会意识到当下才是最好的。

顺便说一下，古人并没有找到长生不老药。但是，世人却觉得存在长生不老的仙人。要说这些仙人为什么长生不老，可能是因为**他们对衰老和死亡毫不在意，泰然处之。**

想象着灵丹妙药存在于世间某处，想掌握不为人知的秘密方法，幻想着去了某个国家就能发现新的自己和新的人生，这些都是在用固有观念捆绑、束缚自己。

如果仍然执意地想从外部寻找某种特别的东西来拯救自己的话，终将一事无成。

22　能创造新事物的人

想要创造出一些新的东西，划时代的东西，或是远超现在水平的东西，是非常困难的。这种难度和按图索骥、生搬硬套不在同一个维度上。

举几个艺术方面的例子就好理解了，例如雷诺阿和塞尚的新画法的绘画，艾尔罗伊的独特文风的小说，还有类似巴萨诺瓦的新形态音乐。创造这些崭新的东西的前提是先让自己焕然一新。

因为，新的东西并不是自然产生的，而是人类创造的。能感知创新的只有人类，从这个意义上来说，**创新的东西一定是人造的，具有向人诉说的力量**。

那么，什么样的人能创新呢？是那些感性的，拥有新的生活方式和新想法的人。

有人会想到年轻人，但并非只有年轻人才有这种可能性。即便是年轻人，如果懒惰地生活或不爱思考的话，也只能产生出平庸的东西。**反之，虽然上了年纪，只要**

保有旺盛的精力，一样会创造出新东西来。

所以能创新的条件是这个人本身是否具有创造性。

拥有这种创新能力的人，常常不被人理解，容易遭人排挤。

即使在这种不理解的情况下，创新的人仍旧会表现出自己的风格。因为这就是他们的"活法"，他们想要这样"活着"。

虽然普通人也想创造出新东西，但他们却秉持着老旧的生活方式和想法，并坚信这样做没问题，所以很难创新。

23　做一个有度量的人

当你觉得自己的实力没发挥出来，或是觉得别人没眼光，不了解自己时，**不妨怀疑一下，是不是自己的固执把别人拒之门外。**

当你想把自己的东西分享给别人，这个人会是谁？**应该是对自己没有警惕心，真诚地展开双手的人。**当你想对外人毫不隐讳地说出实情，这个人又会是谁？**应该是对自己侧耳倾听的人。**

同理，谁会对紧握拳头的人说心里话？谁又会找一个紧闭双唇，抱着肩膀的人帮忙呢？

然而，有些人会认为有主张的人才固执，固执说明这个人有主见。但这既不符合逻辑，也不符合常理。因为固执不代表想法正确。另外，**无论有多么强烈的主张，也不影响以温和的态度待人接物。**

不管有什么理由，无论有怎样的坚持，不接受他人，把他人拒之门外，就意味着把机会拒之门外。

如此一来，信息、想法、提示、线索、愿望、委托、商量、订单都会远离自己。这么做相当于自掘坟墓，很快就会丧失一切。

　　当然，人与人的交流并不总是有目的和有企图的。可能只是单纯地闲聊，或是气氛到了自然地闲谈一下而已。

　　这种闲聊、闲谈未必没用。我们可以通过会话中的言语和言外之意了解对方和自己，也能加深对社会的认知。

　　话题再小，这些有关俗世的闲谈也能给内心带来些许慰藉。不单如此，就在自己还没有察觉的时候，闲聊已经提供了一些有形的或无形的、与自己今后的生活和工作息息相关的重要东西。

第三章

要分清大事和小事

24　不要被概念左右

　　当下社会很多人都生了一种病，叫作"概念妄想症"。**头脑里堆满了概念，并承受其带来的沉重压力。**

　　比较典型的是关于幸福的概念。人人都想要幸福，如果你也这样想，说明你觉得自己不幸。富有和贫穷这两个沉重的概念也一样，时刻压迫着人们。

　　还有，年轻与年老，美与丑，成功与失败，男人味和女人味，独当一面和仰人鼻息，一流和二流，这些评价性的概念令人烦恼。

　　实际上，这些概念没有任何实质内容并且无法定义，是令人感到茫然又带有些许光彩的词。

概念词好像一扇绚丽的大门，门里是绵延不绝的荒原，虽然外表很美，但那也许是海市蜃楼。

究竟是谁让这些空洞的词语生辉的呢？是那些拼命地向这些词语里填充意思的人。

他们固执地认为人的价值不是由自己决定的。价值存在于自己外部的某个遥远的地方，等待着人们去追寻，这些价值是圣洁的、严肃的。

25　不要只是怀疑，要提出疑问

只是有所怀疑的话，是无法消除疑虑的。但是，将疑虑用明确的话语表述出来，就会有答案。**把疑问用语言表达出来，就可以明确地把握疑虑的样子了**。所以，能理解和能自由运用的词语越多，对事物的理解就越透彻，解决问题的能力就越强。

具体怎么做呢？怎样才能理解和运用更多词语呢？就是读书，读书可以获取方方面面的知识，是最好的方式。即使在一流大学里学习了一些专业知识，也很难超越那里的老师。也就是说，在大学里可以学习专业知识，但如果想提高解决问题的能力，还是要多读书。

如果不读书，不主动思考，就不会具备解决问题的能力。而且，这是最简单且有效的方法，但不知为何人们都不去做，也不尝试。

26 轻松地面对现实

我写书从不考虑这本书能不能获得反响，只是一味
地写。我也不会为了写出好故事去找人商量。做讲座也
不是为了让听众佩服自己。

总之，我做事之前不会设想，只是单纯地去做。如
果不这样的话，很容易被杂乱的想法弄得疲惫不堪。

想法有时比现实沉重，所以人们读故事时才会感动、
哭泣，即使没有亲身经历过。因此**不要在没做任何事之
前就产生沉重的想法，最好轻松地面对每一件事**。

27 丑陋的想法

同一件事，不同的人会有不同的想法，而丑陋的想法大多会导致不好的结果。

如果认为工作只是吃饱饭的手段，或是赚钱的工具，那么就会觉得工作毫无乐趣，也不会有进步。

如果把别人当作工具，不尊重人，不体谅人，那么每天都会陷入肮脏的斗争中。

如果把人生看成一场游戏，那么最后只能伪装自己、勉强自己，庸庸碌碌地度日。

然而，如果凡事都积极看待，那么每天都会很高效，人生也会很充实。

所以，摒弃丑陋的想法，你会感受到工作的乐趣，他人的善意，人生的幸福。

28　放弃自尊心吧

在心理学和哲学中"理性、感性"这样的词语被大量运用，明治时代以后更是如此，经常说"要理性"，"不要感情用事"。

既然理性和感性用得这么频繁和随意，那么到底何为理性？何为感性？

其实，很难说得清。即便有庞大的知识和学问做基础，也很难解释清楚理性和感性的区别。

那么，可不可以依据我们的经验进行解释呢？理性就是能够冷静地计算得失的状态，而感性就是自尊心受到伤害发生动摇的状态。

也许这样说更容易理解，我们之所以会感情用事，说过分的话，做出奇怪的行为，是因为我们的自尊心在这一刻受到了打击。

所以，**原因不在感性，而在自尊心**。自尊心的本质不是赢得尊敬，而是想让别人瞧得起自己，并展示自己超强能力的虚荣心。

因此，**放弃无聊的自尊心，用"谦虚"取而代之吧**。

29　尽量不要使用"好坏"这样的词

如果想对某人陈述意见或想得到对方的意见，最好不要用"好坏"去表达，这样说会伤害到对方。

因为这个词有一种估价的意味。只要不是亲密关系，任何人都不希望被估价，而且别人也未必知道自己真正的价值。

先不说是否有价值，"好""坏"之言就好似往他人身上泼油漆，很难洗掉。

并且，这样做会掩盖事物的本质。也就是说，不管好或坏，一旦事物被上了颜色，看起来就会和以前不同。最后会使问题和焦点变模糊，难以解决。

而且，好坏这种评价最不应该使用的对象不是别人，而是自己。

如果能做到，就不会感到迷茫和困惑了，也能避免失败，你会清楚地知道该如何处理问题。

30　打开僵局

走投无路的时候，干脆停止思考，什么都不要想，只用眼睛去看，向远处漫不经心地眺望，视线要像眺望风景一样随意。

想要治愈陷入僵局的痛苦，可以去吃点美味的食物，或是看看欢笑的人，自己也跟着笑一笑。或是去动物园看看孩子和动物天真无邪的样子，或是坐直升机四处游览一下，甚至还可以全裸地在海里游泳。

为了打破僵局，有些人会寻找现成的方法论，并觉得一定能受益。然而这样做却未必行得通，也许当时觉得很管用，**但事后大概还是没办法改变自己。**

要想改变自己，首先要做的就是打通被问题堵塞的顽固的头脑。如果不这样做，就无法打破僵局。快速打通大脑的方法是驱使身体。从生理角度看，人的肠道影响大脑，大腿肌肉为人体提供能量。

驱使身体之后，仍身陷僵局的话，**就请不停地思考，**

思考到要发疯的程度，可以思考几个小时，几天，或几个星期。

在这期间，总会发生一些变化，可能突然想到什么，也可能看到微弱的希望，还有可能恍然大悟："原来是这样呀！"

那些不经意的东西会带给我们灵感。水滴声，鸟叫声，体感温度的急剧变化，摇曳的火焰，衣服的花纹，大海的颜色等等，**日常生活中不经意的小事会促使某些东西觉醒**。这种转变是突发的、偶然的、幸运的。

并不是只有阿基米德、康德这样的天才才会有如此体验。

只要认真地做事，努力摆脱僵局，站在新的维度思考问题，灵感一定会来访。

31 时间存在于自己内心

不用读完一整本哲学书，只要从中学习一点哲学片段就会对生活有很大帮助。

例如，伊曼努尔·康德的《纯粹理性批判》。这本书从1781年发行之初就被人评价晦涩难懂。对于那些用常识思考的人和认为世俗的想法绝对正确的人来说的确如此。

但是，对于认为常识是一种偏见的人来说，这本书非但没那么难理解，还值得认可。

其中之一是关于时间。康德说，**时间不是一种存在于人的外部、不断流逝的东西，而是存在于人的内心之中的，是我们在感知和认识事物时使用的工具。**

且不论康德的这一说法在科学上是否站得住脚。单纯地分析这个观点所表达的意思，也会令人感到安心，使人得到救赎。

也就是说，立足于"时间存在于内心"这个视点，我们可以从"没有时间""被时间追赶"等社会性常识中解放出来。另外，也可以摆脱"效率""集中"等压迫性的世俗观念。

时间在心中，在这一违背一般常识的观念之中产生了新的自主性。为何这样说，是因为这意味着**时间的变化不再受外部控制，它仅存在于内心，跟自己所做的事有关**。这样，我们就可以让自己变得更充实、更饱满。

32　让时间变充实

如果你想要拥有更多的时间，就远离那些可能会扰乱内心的声音。扰乱内心的声音因人而异，有哭泣声、痛苦呻吟声、斥责声、吵架声等。另外，某些音乐、媒体的声音也会搅乱人心，令人无法集中精力。

只有在无声的环境或自然的环境中做事，时间才会变得丰富和充实。 在这样的时刻，精力高度集中，能力充分发挥。这样的环境有很多，例如书房、工作室以及附带办公室的酒店等。这些场所的特点不是空间设计和室内装饰有多豪华和舒适，而是安静无声。

当你沉浸在无声音的世界，时间就不再是流淌在身体外部的无机的东西了。这一刻你会**丧失对时间的感受，可以自由地做事**。

这就是自古以来禅宗所倡导的自在境界。对这种感觉了如指掌，且经常置身于这种境界中的人就是艺术家。

普通的上班族只能触碰到这种境界的边缘，或偶然体验到。因此会抱怨"没时间"，**但实际上并非没时间，而是没有办法忘记外部时间，使自己置身于无时间的环境中而已。**

然而，即使做不到也可以让时间变充实。远离社会喧嚣，尽可能一个人，切断妄想、期待、悬念、欲望、忧虑。如此一来，精力高度集中，就可以拥有比平时更丰富的时间了。

33　要意识到自己带有偏见

其实，一般来说我们并没有如实地看待事物，**而是带有偏见地看待事物，以偏见的眼光下定义或做判断。**例如下面的文章哪里带有偏见，一目了然。

"弗里德里希·尼采年仅二十四岁就成为巴塞尔大学古典文学教授，三十五岁从大学辞职后，经历了十年的流浪，四十五岁时在都灵精神错乱，余生十年在母亲和妹妹的照顾下度过。曾经被称为天才的人五十五岁就结束了生命，结局真是悲惨啊。"

这篇文章从开头就充满了偏见。

"年仅二十四岁"的价值判断是现代人所特有的，因为我们生活在医疗完善、长寿的时代，而尼采生活在平均寿命较短的战争和疫病年代。在他生活的时代，距今一百年前，二十四岁已经不算是年轻人了。更别说中世纪时期，从七岁左右就开始和大人一起工作了。

之所以把"精神错乱"当作不寻常的事件来记载，

是受到了近代以后将正常和异常一分为二的医学和政治体制的影响。而在近代之前"疯子"并不少见。

"结局悲惨"的说法，也是现代城市人容易给出的典型的、带有偏见的价值判断。因为现代人的晚年会在安全、舒适的环境下被护理度过。所以按现代常识分析，尼采的结局还确实悲惨。

因此，在谈论或者记录某事时，我们做不到总是公平准确地、不带任何偏见地、不先入为主地评价，也不可能不受到时代、环境的影响，客观公正地叙述表达。

然而，只要稍微意识到这一点，平时在做事的时候我们就会产生与普通人不一样的想法，摆脱偏见的束缚，获得新的发现，做出新的解释。

34 逻辑要清晰

在十九世纪，一位放弃了奥地利大财阀遗产的，名叫维特根斯坦（1889—1951）的哲学家在其著作《逻辑哲学论》中写道："世界是由各种事实决定的，而各种事实又是由一切事实决定的。"

"也就是说，各种事实的总体，既包含事情是这样的，同时也包含着事情不是那样的。"

正常情况下，我们只把发生过的事情和正在发生的事情作为事实来处理，但是这位哲学家**把隐藏在已发生的事情中的、很多人都没注意的东西，也就是把没有发生的事情也定义为事实。**

例如，早餐做炒鸡蛋，则不单单把炒鸡蛋看作事实，把不做煎鸡蛋、荷包蛋和其他形式的鸡蛋也认定为事实。

这种想法似乎为我们提供了一种纯粹的逻辑。

如果我们做事失败了，就会愤愤地说："啊，原来应该那样做。"好像如果选择了另一种做法就会成功一样，而且认为失败的原因是选择错误。

虽然看似有道理，但如果按照维特根斯坦的观点来看，简直逻辑不通。

这种想法太过狡猾，和《伊索寓言》中"酸葡萄"的故事里的狐狸一样的，吃不到葡萄就说葡萄酸。

这么做的主要目的是安慰失败的自己，**是不想负责的狡猾做法**。

这种心理暗含着后悔和留恋，说得明确一点就是输不起。

在现实中，我们选择的不是某种可能性，而是现实。选择其中一个就要做好放弃另一个的心理准备。

当清楚地认识到这一点时，就请**珍惜自己的选择，无论结果是什么都不要后悔**，这才是人类应有的逻辑吧。

35 "语言"触发想象力

得罪人很容易，不停地骂人即可。语言的威力很大，它还能令人哭泣、高兴或耿耿于怀。

语言不仅能打动别人，还能鞭策和改变自己，当然不是像哄孩子一样，一味说些鼓励和加油的话。

用语言改变自己的第一步，**就是解锁新的语言**。

可以是单词、措辞、术语、专业词汇、外语、方言，什么都可以。只要是新语言或词汇，就一定会改变你的想法和行为。

例如，只要在日常生活中多使用一些"斟酌、亲密、慰劳、忖度"等细腻的词语，人也会变得更感性，生活也会变得更丰富多彩。

如果理解"归纳和演绎、恒常性、或然性、差异、赘言、思想实验、悖理、二难推理、超越论、模糊、斐波那契数列"等用语的意思和用法，混乱的思绪就会变清晰，对复杂的事物的理解也会变容易。

如果知道不同的国家对色彩的定义和指代范围不同，那么你对异文化的理解将会加深。

在日本的历史中，明治时代发生了巨大的社会变化，不仅仅是体制的变化，大量的外文翻译创造了大量的新概念词。**新词的运用促使人们产生新想法、新思维。**

当新词融入头脑时，会在以往如星星般分散的、孤立的语言和意义之间架起桥梁，并激发奇妙的化学反应，**事物间的联系由模糊变清晰，同时触发新想法和新方案的产生。**

语言就是如此在我们的头脑中构建出事物之间的关联性，点燃事物关联之火的。

36 远离"俗世的话语"

尽量远离俗世的话语。俗世的话语指的是人们在说话和思考时毫无察觉地使用的言语，以及媒体上使用的言语和惯用措辞等。这些话虽然好用，但总是带有轻佻、刻薄的意味，如果究其根本就会感觉置身迷雾之中。

这些话语往往包含着残酷的价值观。例如，在重视外表美丑的现代，"老化"这个词就被渲染成带有负面价值观的词。进而，抗衰老这个词也应运而生。

那么，老化究竟是什么意思？其实就是橡胶管和金属管等随着时间的推移而发生性质的退化。那么"老化"可以用于人吗？未必。

在现实生活中，虽然老化这个词含有负面价值观，且它的使用是否合理有待考究，但它仍然被广泛运用。另外，社会上一般不提女性的年龄，也是因为上了年纪是衰退的价值观在作祟。

如果毫无批判地接纳这些，就会在不知不觉间**用这**

些话语来看待和衡量自己和社会，这样会很痛苦。

因为俗世的话语总是偏向美丽、丰富、坚强、年轻等美好的价值观，排斥与其相反的价值观。

此外，也把"持续性、连续性"作为积极的价值观，比如重视血统和传统。

那么俗世价值观所维护的血统或传统到底是什么呢？人们根本不在乎，也不调查，而是极其自然地盲从和服从这一权威。

哲学和思想类书籍之所以难读，是因为**没有使用俗世的话语**，因此才能表达出前所未有的价值观和想法。

我们也一样，凭借俗世的话语是不可能脱离现状走向新时代的。

37 能改变社会的智慧

怎样才能变得更聪明呢？只要认同**自己和他人是一样的**即可。但是仍有很多人认为自己和他人全然不同，之所以会这样是因为智慧和经验还不达标。

请不要忘记，只要是人就有共性，只有这样想才能理解别人。

我们能够跟小说或电视剧里的人物共情是因为人类具有共通的心理和行为。即使是吵架，如果完全没有共性的话，这个架也无从吵起。

最古老的宗教典籍《奥义书》中阐释，最具智慧的想法是**"自己和世界是一体的"**，有人为了参悟这一奥义而修行，但即使不修行，我们也会在生活经验中掌握这个富有智慧的哲理。

在现代资本主义城市中工作的人们认为竞争是理所当然的。

竞争的前提是"自己和他人不同"。因此，竞争永远激烈，永远你争我抢，最后迎来的是疲惫不堪和失败。

如果奔赴这样的战场，人生就会变成一局残酷的游戏，而不是有趣的游戏。因为有趣的游戏是以殷实的生活为基础，在时间充裕的情况下偶尔玩乐一下的行为。

如果我们想改变时代的话，即使被卷入残酷的游戏中，也不要害怕自己和别人有共性，要把它表现出来。

这样的话，游戏规则就会失去意义，输赢的竞争也会消失。最后失败者和胜利者的界限也没那么清晰了。

如此一来，我们的社会才会更加人性化，更加关注人们的需求，形成健全的福祉社会。以人为本的政治体制和法律制度将会落地开花，"国家"的概念也随之弱化，国与国之间的战争也随之消弭。

38   要分清大事和小事

二十五分钟后必须离开汐留的酒店会见重要客人，扣除十多分钟的乘车时间，行程就变得很紧张了。然而看了一眼脚下，发现鞋子有点脏。因为怕失礼，所以决定先去擦鞋，于是转头跑去有乐町擦鞋店……

谁看了这样的举动都会感到奇怪吧。明明有大事要做，却让小事先行。**其实，我们在一天之中做过很多类似的事情，只是没察觉而已。**

我们经常在做重要的事情之前，先做一些小事，包括一些习惯性的事，不马上做也行的事，自认为非做不可的事，吸引自己的事，会影响眼前利益的事。

结果，把应该分给大事的时间消磨光，导致大事被耽误，一时半刻无法完成。**完全忘记了这些重要的大事才是支撑人生的关键。**

像这样只顾小事而不管大事的做法，也许是怕麻烦，懒得开始，也许是畏惧。

也有人因为没有自信而选择先做小事，而缺乏自信，往往源于平时的懈怠。

不管有什么理由，重要的大事才是关键。而大事一般指工作，还有能左右生命的紧急事件。

另一方面，小事都是一些可以替代的，甚至可以变更、中止或放弃的事。

当然，生活不仅有大事也有小事。即便如此，让小事先行，实属抓不住重点，本末倒置。

道理都明白，但还是不知不觉地被小事牵绊，损害了做大事的时间和机遇。之所以会如此，**是因为习惯了只顾眼前利益和个人快感，不能整体地看待问题。**

这种对得失的计算也是短视的，觉得这件小事对现在的自己来说也很重要，如果不做的话状态出不来等等，经常以这样的借口做小事，有时甚至把小事看得比大事还重要。

另外，我们必须学会冷静思考，如果无法做到，就很难准确地判断事件的大小。然而，有很多因素会影响我们冷静地思考，例如赌博的快感、朋友情分、旧习、占卜、宗教迷信、第六感、此刻的心情等等。我们经常会被这些愚蠢的情绪和力量所左右，把大事遗忘在脑后。

　　即使没染上赌博的恶习，也没做不道德的事情，而是因为懒惰而去做小事的话，那么总有一天自己就只能做小事了。

　　甚至觉得做小事也很麻烦，不久之后连小事也做不好，那就惨了。

　　所以，我们必须重视大事，把它牢牢地置于人生的中心位置，用心去做。

39　奢侈是尊敬的表现

在市场经济社会里，人们已经深刻地体会到经济的波动和不稳定，并习以为常。用来衡量生活水准的"奢侈"一词好像也被纳入了消极的语言范畴。

但是，"奢侈"并不意味着超越了很严重的界限，虽然有"超出必要"的意思，但没有消极的语言色彩。倒不如说，"奢侈"的语感中包含着不吝惜、丰富、从容、绚丽。我们的经验告诉我们，**这种奢侈会滋润人心**。

"奢侈"一词可以用于很多语境。例如，只为某人编织的花束，亲手做的饭菜，本人亲自迎接，感觉口渴时递过来的冰水。

再例如，干净美丽的服装，排除俗世的喧嚣和杂乱、使自己超然而立的家具，擦得锃亮、能照出人脸的鞋子，光线柔和的窗帘。

还有，某天采摘的山菜和野花，风景优美的房间，发自内心的微笑，时令的香味，温柔的招待，融洽的谈话等等，这些对我们来说都是奢侈的。

如果过度奢侈的话，确实有些过分，比如对权力的炫耀，对自我的放纵。但日常生活中一点、两点的奢侈却可以令人心花怒放。

这种奢侈并不是虚荣心的表现。而是对他人的示好，尊重对方的表现。**因为觉得对方是无可替代的，所以在接触对方时稍微奢侈一下。**

例如，邀请住在外地的父母或兄弟姐妹来城里住几天，你会让他们住既便宜又狭窄的商务酒店吗？

或许你会选择更高级一点的、宽敞的酒店吧。这么做除了出于关心和关怀之外，还表现出对亲人的重视，这也是奢侈的表现。亲人会倍感温暖。

第四章

至死也不能安心

40 当然会有烦恼

大多数人都有烦恼，谁都有过辛酸和痛苦的经历，人人都想摆脱烦恼，获得自由。

换个思维，**如果把烦恼看成人生路上的必然，如何?** 如果这是必然，那么"摆脱烦恼获得自由"岂不偏离了正常的人生轨迹？也许还会掉入深渊。

想明白了你会发现，**此时的烦恼就像走路时偶尔出现的脚痛，**同时也是使自己变强的考验。

总之，做事会伴随痛苦，这合乎常理。如果无法接受、无法克服的话，将永远烦恼和痛苦，感受不到喜悦。

众所周知，想成事就要付出努力和辛苦。**可有些人哪怕付出一点努力，承受一点辛苦都觉得难受。**

这种人要不就是极端懒惰的人，要不就是稍微前进一点都要低头确认，频繁计算得失的人。

建议这些人忘掉自己和时间的存在，专注地做事。最好连吃饭都忘掉，把精力放在与自己相关的事物上。

拿划船作比喻，如果漫不经心地坐在小船上随波逐流的话，不久就会被海浪打翻。所以，如果不使出浑身解数划桨，就无法到达任何一个彼岸。划船如此，人生亦是如此。

41 彻底看清苦恼

病理上的疼痛分好多种，刺痛、隐隐作痛、绞痛、丝丝拉拉地痛、胀痛等，这些词语能形象地表达出疼痛的感觉和面貌，可以帮助医生做出准确的诊断。

但是，人们对于自己的苦恼却不会像病痛那样积极地表达出来。虽然苦恼并不可耻，但还是不想让人知道。

或者，把苦恼当作个人问题，放在别人看不到的地方秘密地处理。**然而这样一来苦恼的内容会变得越来越模糊，对它的处理也会变得拖拖拉拉。**

苦恼一般都夹杂着两种含义，即痛苦和烦恼。烦恼的本质是对问题的判断和处理感到迷茫，或者事关自尊和虚荣。

总之，烦恼是自身出问题了。**所以，想要消除烦恼，就先解决自我。**

所谓解决自我，就是抛弃自尊和虚荣，让别人去判断和处理，或让事物顺其自然地发展。

痛苦也分为两种。

一种是自己引起的，另一种是人生必经的。

如果是自己引起的，要么自己处理，要么逃避。如果是人生必然要经历的痛苦，就只能接受并品尝了，**因为这就是人生**。

除此之外的痛苦就是病痛了，只能请医生治疗。如果还痛苦的话，就彻底扭转自己的想法吧。

当然，在这种情况下不能只改变想法，**连生活方式也要改变才行**。

42　如果烦恼的话，就去书店这所医院吧

如果还觉得迷茫、困窘、走投无路，想要寻求一个强烈的暗示，或是想找到烦恼的发泄口，**那么就请去繁华街区的大书店这所医院吧！**

书店里卖书，也卖 DVD 和杂货，这些都是商品。虽然只是商品，但与其他行业的商品大不相同，这里展示了当今时代的各种面貌。毫不夸张，书店里凝缩和涵盖了从古至今的整个世界。

踏进这样的异世界，在各个楼层仔细地转一圈就好。一定能得到什么，内心会豁然开朗，头脑里一直闭塞着的大门也会在不知不觉间敞开。

置身于书店，不要想着一定能找到烦恼的答案，也不要想着既然来了就必须有所收获。不要有这些贪婪的想法，**而是虚心、坦荡地漫步于文字世界**，这一点至关重要。

即使到最后什么收获都没有也没关系。可能在回家的途中，在咖啡店里，或是在回家之后的某一瞬间突然

想到什么，迸发出新的想法。这些想法的触发离不开漫游书店的经历。

去了书店才知道，这个世界上充斥着各种各样的想法和价值观。哪怕只是体会到了这一点，也会很自然地反思自己的困窘是多么微不足道，是多么自寻烦恼，是多么偏颇。

同一个问题，如果由他人指出的话，我们会反驳。如果由自己的经验得来，就很容易接受。因为只有自己明白了，才能知道如何打破令人窒息的僵局。

虽然从"图书众多"这一点来看，图书馆和书店没什么区别。但是图书馆太安静了，被一种紧张的氛围压迫着，每一本书都严阵以待地排列着，所以图书馆的治愈力不如书店。

还是开在大街上，有着热闹和轻松氛围的大型书店才是治愈我们走出僵局的名医。

43 处理问题就是处理人

我们好像总说"事情出问题了"，并轻易地说"这事真麻烦"，好像很多事情都会自己出问题一样。然而，事情本身会引发问题的发生吗？

例如，核辐射是问题吗？应该不是。出问题的是想要处理核辐射却又没办法处理的人。说得再明白一些，**是跟事件相关的人的心理、想法、行为引发了问题。**

事情总会发生，按照物理规律发生。把这些事情当作麻烦的问题来处理是因为自己的内心和行为是混乱的。

因此，处理问题就是处理人的内心和行为。因为，即使处理了事情，事情也不会反省或变化。

既然如此，**我们就应该了解人心**。这样的话，即使不完美也能更好、更清晰地处理问题。

关于描述人心的资料多到数不过来。当然，不是近一百年间心理学方面的资料，**而是文艺方面的**。

例如，故事、小说、电视剧、戏剧、歌剧，虽然这些是为了娱乐而创作的，但也可以成为学习人心的素材，我们可以从中窥见人心的存在方式，以及人心的不稳定性、不规律性等等特点。因为人的精力毕竟有限，待人接物的经验也有限，所以我们有必要把这些作品里描写的生动内容作为现实素材进行学习。

如果让我推荐一部能了解人心的著作的话，我会推荐《圣经》中的《撒母耳记》。这部作品描述了人心是多么易变，勇气又是如何衍变成贪婪和疯狂的，大卫的一生被描写得极富戏剧性。

44　凌驾于问题之上

每个人都会遇到类似的问题。

但是，这里的"每个人"指的是普罗大众，**不包括个别少数人**。因为大多数人难以处理的问题，对有些人来说根本不是问题。

这里说的问题不是政治问题也不是社会问题，而是自己无论如何都要面对的个人问题，或者为了使自己更进一步而遇到的难题。不知为何，当面对这些问题时很多人都处理不好。

即使能处理好其中之一，也只是勉强处理，处理的水平也不高明。所以，当问题变得棘手时则毫无应对之策。

例如，大多数人对待入学考试和资格考试的态度是，花最少的精力考过就行，不想过度地、深入地学习。克服困难和解决问题也只是为了通过考试，而不是单纯地想把问题弄明白，或扎扎实实地掌握知识。

于是，不知不觉形成了这样的看法，只要达到过级的水平就够了，就像跨栏运动一样，比跨栏高一点，能跨过去就好。对于工作和人生的问题也一样，勉强能解决就可以了。所以，无论遇到什么问题，都会陷入问题之中，痛苦地与之纠缠。

但是，少数人却并非如此。无论发生什么事，都会**以压倒性的应对方式凌驾于问题之上**。

于是，问题不再是问题，障碍也不再是障碍，在他们眼里都变成了一件件小事。

如果是考试的话，就掌握超出出题人水平的知识。如果是商务往来的话，就不要草草地应付对方的要求，而是采取积极的应对方式，使事态朝着更好的方向发展。

如果是人生、家庭、人际关系的问题，就不要逃避，正面面对就好。往往只要正视这些问题，大多数都能解决。

不管遇到什么样的问题，都要摒弃敷衍和对付的坏习惯，**充分利用现有的东西，例如才能、技术、服务、心、时间和爱**。如此一来，你认为的问题就不再是问题了。

为什么要坐以待毙？为什么会随便判断这样就是好的？到底舍不得付出什么？还是认为这是一件不值得自己做的事情？

可能比起处理问题，自己的感受更为重要吧。**但不管是什么问题，其实都会影响到自己，影响到自己的将来，或者通过他人影响到自己。**

恐怕很多人都觉得处理问题时能分清"自他"就行了。但是，其实我们只能在观念上区分"自他"。在现实中"自他"紧密地结合在一起。如果硬要把自己和他人分开考虑的话，就会使自己和他人之间产生竞争和阶级。

人与人之间一旦形成了竞争和阶级，就会产生排位。无论自己身处哪个位置，都会因为不满足而变得痛苦。

如果不想痛苦放弃竞争的话，就会被视为落伍者或失败者，同样痛苦。如果对竞争满不在乎，置身事外的话，就会被人视为局外人。

那么，该怎么做呢？**其实，只要凌驾于问题之上，痛苦就会立刻消失**。因为只有凌驾于问题之上，才能跳出排位拥挤的圈层，站在这个圈层目所不及的高度上。就比如公司的老板永远都不会卷入员工的岗位竞争中一样。

虽然很难做到，但可以从手头上的小事做起。你会充分体会到这样做是多么充实和爽快。

其实凌驾于问题之上，不是学会怎样处理或操纵问题，而是积极主动地投身于问题之中，把困难当作有趣的东西处理。

这就是凌驾于问题之上的少数人的感觉，做着看起来麻烦却又独特、有趣的工作。

45 不稳定是人生的常态

叔本华在《作为意志与表象的世界》中洞察到了一条人生哲理。

那就是"不稳定是人生的常态"。

虽然人们对此深有体会，但仍旧逃避不稳定，不断寻求安稳。

希望有稳定的收入，稳定而无忧的生活，稳定的身份地位，尽量无病无灾，甚至自不量力地认为人身安全和爱情也应该是稳定的。因此，人们疯狂地购买某些商品，这些商品给人一种错觉，好像能梦想成真。例如，各种各样的保险，使美貌持久的化妆品、美容工具，可能使财富变坚挺的金融商品，神奇的保健法等等，数不胜数。

另一方面，在追求安稳和踏实的同时，却又希望自己有中彩票的幸运，希望出人头地，有社会地位。

别人怎样无所谓，只要自己幸运就行，并渴望得到别人的认可。

很显然，中彩票有偶然性、不确定性，但他们却觉得这些偶然应该理所当然地出现在自己安定的人生中。

沉浸在这种奇怪想法中的人，其人生反而不平静。因为他们认为只有自己是特别的，别人人生中的疾病和不幸会令其感到不可思议和不理解。别人的出人头地、成功和美丽也会令其感到不甘心和嫉妒。

内心如此不平静和污浊，最终会使每天的生活都变得动荡不安。而且，即使偶尔发生什么好事和幸运的事，高兴的感觉也会大打折扣。

因为总觉得特别的自己应该比别人更幸运，所以一定程度的幸运已经无法感到满足。最后，**越追求安定，越感到不安**。

另一方面，如果明白"不稳定是人生的常态"这个道理的话，就会坦然接受随时可能发生的变动和变故，并泰然处之。

　　也就是说，有了这样的觉悟之后，**会对人生的变故产生免疫**。所以，比起追求安定、平稳的小气的生活方式，莫不如大胆而坚强地生活吧。

46 至死也不能安心

"安心的社会""可以安心工作的社会"这种标语很单纯，是很多人所追求的。实际上，任何人都无法一辈子安安心心地走到生命的尽头。

生活在现代社会，本来就无法一直放心。也许在某个瞬间，获得了安全感，但这种安全感不会长久。

然而，禅宗却主张"安心"一说。这里概述一下禅宗《无门关》记载的内容。

达摩（5~6世纪的中国禅师）面向岩壁冥想的时候，禅宗二祖慧可来问："我还是内心不安，如何才能安心？请您让我安心。"

达摩回答："那么，你能不能先把你的心带到我这里来，这样我才能让你安心。"

"禅师，我一直在寻找那颗心，可是怎么也找不到。"

"是吗？你看，我已经让你安心了。"

达摩机智的回答道出了禅宗使人"安心"的独特方

法，即挑破令人感到不安的、虚无的概念。

所以，禅宗认为一切皆空虚，烦恼也不存在。如果能达到这种境界就会获得救赎。然而，这对于现代人来说却很难实现。

因为佛教的这种救赎，只适用于某些特殊的人。例如，脱离尘世冥想的人，在镇上讨剩饭的人，以自给自足的方式生活在特定环境里的人。

而生活在现代经济社会的我们所追求的安心不是那种精神层面的，而是关于生命、衣食住行、工作和地位方面的。也就是说，我们的这种安心很难获得满足，必须不断追求。

因此，越来越多的人想成为有保障的公务员和官员。但即使成为公务员和官员就真的能放心吗？

那么，庇护、保护和保障是安心的第一要素吗？想方设法得到这些要素是安心的第一步吗？即便如此，还是会担心吧？

因为，**根本不存在什么坚实的基盘**，一切都在运动，或朝上或朝下，就像大海的波浪一样。

所以，永远不会安心，因为无法固定在海上，只能随波逐流。有时想轻松地沐浴在阳光下，于是关掉引擎，然而一旦这样做，就有可能遭遇海浪或恶劣天气的袭击而沉没海底。这样悲惨的例子数不胜数。

就像有起伏才会有波浪一样，有运动和变化我们才能存在于世间。也就是说，运动和变化是我们存在于世的形式。我们经历着"给予和接受""有所图和挑战""破坏和修正""倒下去和站起来"，在运动和变化中不断被侥幸和偶然相助，并设法让希望变得有形。

然而，无论怎样做我们都会感到不安。因此，在不安的缝隙中寻找一条安心之路的做法未必奏效。因为我们根本看不见那条路，也不知道那条路是否存在，所以会不安。

那么，到底有没有能令人完全放心的事情呢？

小时候等待父母回家时，内心充满了不安。即使参加有导游陪伴的旅行，也不可能完全不担心。

在我们的工作和生活中，感到不安是再正常不过的状态了。

正因为人生中充斥着不安和不确定，所以，**顺利的时候你就大笑，难过的时候你就大哭，这才是人该有的状态，才算得上是人。**

第二部分

破局思考术

我们经常轻易地使用"思考"这个词，然而"思考"的含义却有很多种，我常常根据不同事由和情况把思考分为以下六种。

一、利己的思考。这种思考的侧重点是使用何种方法和手段才能给自己带来最大利益，比较典型的利己思考是如何在游戏中获胜的思考。在现实生活中，人们也经常用这种算计性的思考来决定在要做的事情中要采取的态度和手段。

二、基于经验反省的思考。根据以往的经验和当下的情境，模拟想象接下来会发生的情景或事态的演变。这种思考很大程度受到个人性格和经验及文化水平的影响。

三、情感混乱时的胡思乱想。因愤怒、悲伤、愤慨等情感引发的妄想、胡思乱想，其特征是把事实和想象混同在一起。闷闷不乐和杞人忧天的状态常常就是由胡思乱想导致的。

四、与知识相关的思考。这是阅读书籍并理解其内容时的思考，或是在工作中分析数据和信息做出的思考。

五、把握本质的思考。对什么是本质、什么最重要的思考，以资料为基础，极具洞察性、凝练性的思考。例如，哲学等学术研究方面的思考。

六、逻辑的思考。在数学和逻辑学的范畴中的抽象思考，不用于现实中的人际关系和状况分析。

虽然有以上六种思考，但一般不单独使用一种，而是两到三种组合起来形成了我们日常的思考。

虽说这里的介绍是一概而论，但如果提前获知了"思考"的特征就会更加理性聪明地思考。可以更清楚地了解自己和对方现在的想法，从而帮助我们更容易做出正确的判断。

本书提出的建议可供人们在思考时使用。当然，本书不仅是我个人的感悟，也是古今中外的经典古籍、启蒙书、哲学书的梳理和总结。

无论是谁，都无法独自正确地思考，所以我们要沟通、看书、反复尝试，摸索出更好的想法、手段、生活方式，在这一点上本书将会助你一臂之力。当你读了本书之后，你一定会惊讶地发现自己的思维比以前更清晰了。

第五章

锻造"会思考"的大脑

47　写下来再思考

有人说："想了也不明白。"

有人甚至说："绞尽脑汁也想不明白。"

其实，这样说的人常常并没有真正动脑去思考，或者说动脑的方法不得当。

当我们遇到复杂一点的运算时会怎么做呢？会利用纸、笔或者计算器等工具，因为光靠大脑很难准确运算。

动脑思考也是如此，如果不使用工具就不能理清思路、有逻辑地思考。

那么，该用什么工具呢？就是语言。因为人类只有在使用语言时才能好好地思考问题。

有时我们会误以为头脑里产生的模糊想法是思考的结果，其实那并不是思考，那只是头脑里闪现出来的若干图像和画面。

人类只有在使用语言时才能进行真正意义上的"思考",那么该怎么做呢?方法其实很简单,使用语言即可,也仅限于此。具体来说,就是把文字写在纸上再进行思考。

然后,不可思议的事情发生了……

昨天还不理解的事情慢慢理解了,迄今为止毫无结论的问题也有结论了。

这就是此时此刻正确有效地动脑思考的成果。

48   正确认知词语

　　如果有些年轻人不知道"品尝"这个词，只能用"吃"来代替"品尝"，你觉得如何？

　　我也知道许多年轻人不认识"踌躇"和"犹豫"，不得不采取迂回的方式表达意思，这是因为他们不知道有这种说法和概念。而且，他们也很难立刻理解别人"犹豫"的微妙心理。

　　很显然，这是因为对词语的理解不足，从而出现了沟通的障碍。

　　话说回来，我们嘲笑年轻人"学习不足""不读书"，因为他们知道的词汇有限，不丰富，表达就会局促。但是，我们也不能说自己对语言和表达就有很深的了解。

　　譬如，你真的可以清楚地区分下面词语的差异并正确使用吗？永久，永远；欲望，欲求；爱情，情爱；牧师，神父；单行本，文库本；食物，食粮；知识，智慧；

有机的，无机的；议员，议会代表；学子，学生；恸哭，号啕大哭；选择，选拔；重量，质量；魂，灵；足，脚；思想，哲学；同情，怜悯。

这些只不过是日常用词的一小部分，如果不能清楚地区分这些词语的意思，说明我们对其认知也是模糊的。

不能正确认知词语就无法正确理解所听、所读，无法正确表达；同时意味着不能很好地理解世界和准确地表述自己的所思所想。

现实生活出现的误解、失败和无效的期待等，常常是缘于我们没有精准地、正确地思考。

49　正确理解语言

　　其实我到现在还不能准确无误地阅读报纸，虽然能读懂文字、理解大意，但如果手头没有辅助，还是无法做到毫无差错地理解。

　　例如，即使报道里明确记载了某处地名，但也不能马上清晰地知道它在哪个省的哪个位置，有多大规模。所以，为了弄明白这些必须打开地图。如果跟历史有关，还必须翻开历史地图查找所处年代和地理位置。

　　其实，不仅是读报，听别人说话也一样，一般只能大致掌握对方要说的事情，对细节其实并没有完全掌握。

　　换言之，我们自以为理解了对方，其实只不过理解了对方的大意和立场，对语言传达的具体内容的理解常常是模糊的。家庭餐桌上的闲谈还好说，在谈论社会重要问题时仍旧懵懵懂懂的话就麻烦了，最后可能连实际情况和重要数据都没弄懂。

我们的社会常常处于两极化，从智力上看，那些对社会的重要问题不求甚解的人往往处于社会的低阶层。因为没有最基本的理解能力，所以他们没有知识文化也没有经济实力，同时也缺乏应对社会突发状况的信息储备和判断。

总之，社会从某方面看来是由语言构成的集合。也就是说，语言是超越个体的社会共通工具，语言就是力量。如果没有清楚地理解语言，人类连自身都无法正确理解，更何谈理解社会。

50 批评自己的想法

我们往往会批评他人的意见和想法，其实更应该批评的是自己的意见和想法。

把自己的想法当作他人的想法去批评，可以获得更好、更有益的结论。

批评自己好不容易得出的结论绝不是一件令人愉快的事情，也不见得容易做到，可以说既麻烦又伤自尊。

但是，还是要严厉批评，不是责难而是批评。

思考是否对现实有益，是否是单方面得出的结论，是否只从利害得失的角度思考问题，是否偏向了某个"主义"，是否有所偏颇，是否陷入了非黑即白的二分法中，等等。这样做可以修正最初的想法，使其变得更完善。

无论是古希腊哲学家还是中国诸子百家,都大量使用了辩证法来看待世界,现在看来仍然有效。

如果我们不从思考方式去反思自己,批评自己,那么我们就常常会让自己陷入思考的单一与狭隘上,这样很容易形成思维上的简单粗暴,从而导致行为上的简单粗暴。

51 远离好恶和感性

在思考的时候，一定要让感性和好恶远离自己。

但是，大多数人在思考时只遵从内心的喜好和情感，认为这才是属于自己正确的思考。有些人可能觉得"不会吧"，但事实的确如此，大多数人都会按照自己的喜好和情感思考问题。所以为了迎合大众，选举的候选人员会把宣传的重点放在"自我印象的推广"上，目的就是为了使大众在情感上接受自己。

也许你觉得自己的喜好和情感是坚定的东西，但其实它们很容易改变。常常，我们的喜好和情感会因为天晴下雨、身体状况、金钱多寡的不同而发生变化，甚至有时候还是巨大的变化。

拿这种不稳定的喜好情感做判断的基准，无疑跟赌博一样冒险。所以，一定要清楚地认识到情绪摇摆不定的时候是无法做出准确判断的。

　　思考并下结论时，必须保持头脑清醒。按照文字描述的内容去思考，尽可能抛开得失和利害关系，以一种崭新的姿态，纯粹地、无杂念地思考，这样才能最接近正确。

52 处理问题的结果会因人而异

同一问题会有不同的意见和解决方法，这很正常。与其说是各自想法不同，不如说是看问题的侧重点不同。

侧重点有以下几个方面：

得失和利害关系的分配；

怕伤自尊心，自我保护；

模仿前例；

保持传统和风俗；

派系间人际关系的顾虑；

对善恶、人间正义、人性的尊重。

现实中，在大多数情况下，有些人会打着"对善恶、人间正义、人性的尊重"的幌子，实际上却另有所图地处理问题，从而达到自己的目的。

其实，一般情况，人很难，甚至几乎不可能站在纯粹的惩恶扬善、尊重人性的立场处理问题。之所以这样做是因为这样做很重要，人才可能跳出现实的局限性。

常常很多的问题根本无法彻底解决，这是人性的必然。正因如此，人类才要不断地朝着更完善更完美的目标去努力、去靠近。

53　一边运动一边思考

桌子是书写的地方，常常并不适合思考。

思考时必须让大脑动起来，身体的轻微运动会刺激感觉神经，使大脑更好地运转。

当我们乘坐交通工具的时候、洗澡的时候，甚至走路的时候，大脑会蹦出来很多的奇思妙想。

古代的哲学家们常常也追求在行动中、游历中思考。

54　舍弃得失心

如果计算利益得失，会影响正确的判断。

以"人觉得喜悦的"为基准做判断，常常会得出准确的判断。

当然不是以自己的喜悦为基准，而是以大多数人的喜悦为基准。

55　要认识到视野的局限

人的眼睛只能看到此时此刻自己关心的东西，即使眼前有很多事物，但人们也只能把意识集中在自己关心的特定事物上。

因为人的意识具有方向性，这是无法改变的生理特性。但是，如果总以这种方式看问题，并觉得这就是事物的全貌，就容易陷入片面甚至错误中。

那么，该怎样做呢？必须看完全貌再做判断吗？但是，人们很难看到全貌，**如果能做到，就不会无视此时的自己正以局限的视野看待问题了。**

所以，要时刻保持谦虚，防止傲慢的发生，维持最低限度的友善。要意识到自己的看法和做法不能涵盖一切，是片面的，是不周全的。

正因为如此，不要轻易说"这就行了"，因为谁也不能像浮士德博士一样感叹道："时间啊，停留吧，你那么美！"①

---

① 这是德国作家歌德最主要的作品《浮士德》里浮士德说的一句著名台词。

56 让大脑自由思考

觉得很难、弄不懂的时候先随便观望一下。我遇到难懂的读物时就会这样做。

随便观望不是只盯着书的封面不打开书，而是随意翻开几页，像试吃一样随意阅读。

于是，不可思议的事情发生了，随着时间的流逝，头脑里慢慢地留下了某些模糊的印象，再反复随意阅读几次之后，不知不觉已经掌握了全部内容，并读懂了重点。

因为，人脑不是机器，即使不打开意识的开关也会自动思考。

在沙发上单手拿着咖啡，以轻松的心情随意地看，大脑也会自动思考，试图去理解什么。

其实，我们在理解他人时也会这样。最初会凭借长相、印象、声音、服饰、动作来臆测对方，随着语言交流、谈话内容的深入，进一步了解对方的内在，然后进入更深层次的对话……我们就是以这种方式了解他人的，这就是大脑自动思考的结果。其实，并不是有顺序、有计划地先提出问题："这是一个怎样的人？"然后再思考得出结论："他是这样的人。"

当然，自动思考不仅对难理解的读物有效，遇到难题时只要不逃避，大脑也会进入自动思考的状态。

57 要问"为什么？"

人们在不明白、不认同、觉得奇怪的时候会忍不住问一句"为什么？"是再正常不过的了，被问的一方也理应给出回答。

然而，实际情况如何呢？在职场中问"为什么？"的话会遭到他人的反感，被认为是讨厌的家伙。所以大多数人只能默默地做被交代的工作，唯唯诺诺地服从命令。

然而，如果不知道理由就会感到不安，还会觉得自己被当作工具使用，有屈辱感。即使想开了，也只会按照上面命令的做，自己不负责任就好。

在日常生活中，如果被别人问"为什么？"，也会感到迷茫，常常给不出正确的答案。于是只能回答"因为就是这样""因为是传统""大家都是这样做的"，等等。

不能了解原因的话，就像带着黑匣子到处行走，不知道它记录了什么。家庭和社会生活中有很多这样的黑匣子，令人不愉快、不放心。

我在德国住了七年，如果说德国和日本哪里最不一样，我会回答德国的孩子和大人都会频繁地问"为什么？"。但在日本这种情况却恰恰相反，因为提出疑问本身就会被人讨厌。

对别人直接提出的"为什么？"置之不理的话，不利于营造良好的风气，也无法孕育出高尚的文化。当被问到"为什么？"时，如果能真诚地回答，日本的精神风貌将会变得更美好。这是每个人都能做到的切切实实的改变。

58 坦率地说出想法

"心直口快""直截了当"这样的词，是指不修饰、不算计、坦率地表达内心所思所想。

现在，这些词不怎么被使用，是因为社会上更盛行揣度胜负、讨价还价和计算得失的风潮吧。

但是，如果人们能直言不讳，毫无隐瞒地以开放的姿态对待他人的话，社会上就会出现更多的相互理解。

确实，如果能"打开胸襟"，坦率地阐述彼此的想法的话，就会大大减少内心的无端猜测和不安。这是扫除黑暗、模糊，使事物变得清晰、明朗的不错选择。

坦率地询问有疑问的问题，被问到的话不隐瞒地回答。于是对方和自己都能清楚地知道问题的轮廓，避免疑心生暗鬼，徒劳无功，这样就能找到解决问题的路径了。

然而，现实生活中却很难做到人与人坦率，那么是受到哪些因素的阻碍呢？是不想丢脸的心理，是不愿示弱的逞强，是明哲保身的想法，是想高人一等的傲慢，是不想被看穿的虚伪，是无聊的自尊心。

　　可是，自尊心本应该在行使正义时使用，所以不要让自尊心成为理解事物的障碍。

59　人性化思考

有个经营葡萄园的园主，一大早找到四名无业人员并雇用了他们。

园主说："工作到天黑，给你们每人支付2万日元。"四名男子同意了，并在葡萄园开始了一天的工作。

当天下午，园主又找到一名无业者说："只要工作到天黑，就支付你2万日元。"

于是，这名男子也开始在葡萄园工作。

天黑之前，园主把五个人叫过来，并支付了约定好的薪水。这时，先前的四个人不满地说道："我们从早上开始一直干到天黑，而这个人下午才来，你却给了同样的薪水，这不公平。"

园主却这样回答："你们不是签了合同要工作到天黑吗，这有什么生气的？还是因为我对他的慷慨而生气呢？"

从数学或经济学的角度看，这个园主确实不公平。

尽管如此，为什么他还要给下午才来的男人支付同等金额的工资呢？明明他工作的时间那么短。

这是因为，和前四个男人一样，后来雇用的人每天也需要一定数额的金钱，为了妻子，为了今天和明天的食物，为了购买生活必需品，他的一天也需要同等数额的钱去生活。

没有理由说一个碰巧只工作了一会儿的男人比其他人每天花费更少的生活费。人要想作为人活下去，无论如何都需要一定数额的金钱的支撑，园主明白这个道理。

这就是人性化思考。那种**把数字和时间结合起来按比例计算的方式是机器也可以做出来的事，机械的计算不适合生活在现实世界的人。**

60　增长知识

　　想变聪明，就要增长知识，因为知识可以使大脑变灵活、变聪明。知识绝不是靠背诵得来的，虽然背诵会扩大大脑的容量，但是单纯背诵的方法得到的信息是零散的，是没有联系的，不会作为知识留存下来。

　　知识是通过连续的兴趣获得的，对某事想要更深入了解的强烈的、不衰减的兴趣吸引来了相互有关联的知识。这些知识不需要背诵，看一眼就能记住。如果看一眼记不住的话，就不会形成知识，因为人生短暂，知识太多。

　　另一方面，智慧也被认为是知识的组合，是怎样组合的呢？组合的素材就是知识，它们如同化学公式一样组合在一起，形成知识网，并以智慧的形式表现出来。

所以，知识的深度和广度决定了人的智慧程度。但是，为什么社会上的众多知识分子的见解会不同呢？

　　这是因为在知识和智慧之外，每个人的人生观、经验、嗜好、性格都不同。就如同即使是同样的食材，不同的厨师也会做出味道和形状不同的料理。因此，知识分子通过表达自己的见解来展示他的智慧。

61 汇集彼此的知识

德语有两种"知道"的说法分别是"kennen"和"wissen"。"kennen"用于浅显的了解和认知，"wissen"用于较深的了解和认知。

人人都知道的事情就用"kennen"表达，学者对专业知识的了解用"wissen"表达，通过体验得到的知识也用"wissen"表达。

那么，"葡萄酒通"的"通"是"kennen"还是"wissen"呢？有人觉得应该是"wissen"吧，因为对葡萄酒了解甚多。但结果恰恰相反，要用"kennen"，原因是"葡萄酒通"是对葡萄酒的认知宽泛的意思，而对某方面知识的了解未必深刻，所以不能用"wissen"。

于是，**我们可以把自己的知识分成两类。**

其中，浅显的知识占多数，当然也有些深入的，其实这些深入知道的知识就是自己最感兴趣的部分。

不仅是自己，其他人也一样。如此一来，把彼此的深入知道的知识集中并组合起来的话，一定会产生一种更深入的智慧吧，它必然会成为智慧社会的一大武器。

　　因此，知道自己的知识处于何种程度很重要，读几本自己知识领域的书，如果觉得太简单，那么这个领域的知识对你来说就是"wissen"。

62　请主动思考

无论学什么、怎么学，不用自己的大脑和语言认真思考的话是学不会的。如果不认真思考，教了也不懂，学了也不会，这就是教育的边界。

例如骑自行车，不亲身体验就掌握不了技巧。大脑也一样，如果不仔细咀嚼并认真思考的话，永远也理解不了。

知识和智慧不是放在一旁的百科全书，只有大脑主动思考、理解了才能变成自己的东西，那才是真正属于自己的知识和智慧。所以，必须用大脑一件一件地认真思考。

无论是兴趣还是终身学习，谁也不可能代替自己来做，就如吃饭一样无人可代替自己咀嚼。如果自己不主动思考的话，不管什么样的教导都是徒劳。

所以，世界上没有变聪明的方法体系，就看本人有没有好好地动脑思考而已。爱因斯坦也是在专利局工作的时候，一边工作一边不停地思考才得出了相对论。

也许有的人会说：一件一件地动脑思考很麻烦吧！因为不喜爱所以觉得麻烦，如果喜爱的话就不会有这种感受了。**这种喜爱可以是对人类存在的喜爱，也可以是对不可思议的世界的爱，如果没有这种爱，就不会爱自己和他人了。**

其实，知识也是一种爱，就像爱一个人就想了解得更多，对世界深入地了解和认知就是对世界的爱。

第六章

锤炼"不迷惑"的头脑

63   不要在意他人的想法

大多数人会在意他人的想法，并以他人的想法为前提调整自己的想法、意见和态度。

然而，"他人的想法"往往是"自己想象出来的"，并不是真实的"他人的想法"。

对自己想象出来的内容深信不疑，于是只能活在妄想和幻想中。这种行为就如同害怕自己擅自创造出来的幽灵一样可笑。

当然，如果生活在"自己是神""除了自己以外都是怪物"的妄想中，就会被视为精神病。同理，生活在别人的想法中也一样，因为这种行为很难察觉，所以只是恰好没被视为精神病而已。

即使确信别人的想法就是如此，也要清醒地认识到这只是别人想法的一小部分，并不能覆盖整体。因为任何人都无法做到把自己的想法和意见完全展示给他人。

所以，考虑别人的想法最终是徒劳的。同理，以别**人的想法为前提调整自己的想法和态度也毫无意义**。如果不改变，就会一直处于焦躁和闷闷不乐之中。

因此，为了好好地在现实中生活，就要排除自己对他人的妄想，不要在意他人无意的想法和意见。

64　不要被语言迷惑

这里有两幅彩虹图画，一幅涂了七种颜色，另一幅只模糊地涂了三种颜色。

其实，人们真正用眼睛看到的彩虹应该只有三种颜色，因为人的肉眼辨别不出来彩虹的七种颜色，只有用棱镜或机器才能辨别出来。所以，七色彩虹的图画是根据常识画出来的。

人类有这样的坏习惯，会根据常识歪曲事物。这些肤浅的认知使人们产生错觉，最后甚至连看不见的东西都能看见了。

而且，有些词语的表述也助长了人们的臆测。例如，"犹太人"，这种表述让人觉得好像有犹太人种。实际上，犹太人指的是犹太教徒，从生物学角度讲不存在犹太人种。

"运气"这个词也会给人一种错觉，运气归根结底只是对某些特殊现象的模糊解释。但是人们根据以往的经验深信有一种看不见的运气存在。于是占卜师们便以此做生意。

其实大家早就知道语言和概念无法证明某些事物是真实存在的，同时也不是所有事物和概念都能用语言表述。

但是，随着社会价值观的发展，人们不知不觉地被语言的魔法所吸引，而不深究语言的真实意思，把实际不存在的东西当作存在，这就是不看事实只认鬼神的自欺欺人。

有不少人对"爱"这个词也存在自欺欺人的幻想，我们都知道"爱"这个词的重要性和意义。所以，嘴里说出来的"我爱你"未必是真正的爱。如果连这个都看不清，就容易把欲望和执着当成爱。于是，会跟古希腊戏剧一样，陷入无尽的迷途和悲剧中。

65　要知道"担心"是坏事

你应该说过"我很担心你"这样的话吧，其实担心的内容往往都是自己的妄想。

这些妄想会伤害自己的身心，如果说出妄想，还会被对方瞧不起。

翻来覆去想象一些不好的事情，担心到底会变成什么样子，这种担心并不能够帮到自己和对方。

但是，忧心症者认为这是在为对方提供非常必要的关照，就因为自己在担心。

把担心当作关照，实际上这只是在和自己的妄想做游戏而已。

另外，忧心症者不信任他人。

因为他们断定别人一定做不好，并想象着可能发生的坏事。真正信任别人的人，只会安心地等待。

忧心症者喜欢不好的事情，担心的内容几乎都是坏事、不吉利的事。如果真发生了就会觉得"果然和我担心的一样"而感到小小的自我欣赏与肯定。

他们经常把担心的事情认定为非常重要的事情，请不要和这类人亲近。

66　不要考虑有没有才能

其实，人们很容易就能知道自己有没有才能，只要自觉有才能就是有才能，而主张自己有才能的人不一定有才能。对才能的执拗的主张，大部分情况下都因为对自己是否有才能感到不安而引起的无法忍受的呐喊。

真正有才华的人不会感到不安，虽然会对自己的才华感到吃惊，但也不想对别人说，因为容易引起他人的不理解。

有才者忙，因为需要用才能做很多事情，他们总是专注于自己应该做的事情，这种专注精神不同寻常，所以会被认为是怪人。

只要有才能，就一定会被认可。可能是别人理解了他的才能，也可能是别人怀着一种敬意认可他一心扑在某件事情上的样子。不管怎么说，总会被认可。

然而，即使有才能，如果中途被金钱所吸引也容易丢失才能。但是，如果一直追求更好，精益求精，才能和技术就会越加成熟，因为才能不会背叛努力。

　　那么，这里把才能讲述得如此清晰，有人会感到放心，有人会感到不安心吧。如果有一点不安，那就是没有才能的证据。

67 别发牢骚

如果你在发牢骚，听你发牢骚的人会讨厌你，却很少厌恶被你牢骚的人或事。

发牢骚之所以被视为愚蠢的行为，是因为它会让你自己的思维当场冻结。

发牢骚不是情感的发泄，它是一种强词夺理，是单方面的判断，发牢骚时会给某人某事贴标签。

一旦贴上了标签，你就不会重新思考这个人或这件事了，这样，你的思维就会被冻结。

思维冻结的话，新的想法就无法产生，这是因为一旦把一件事情贴上了标签，那么与之相关的其他事情也会被贴上标签，就无法整体思考了。

因此，发牢骚的人无论什么时候都只会说同样的牢骚，其他的想法完全不行，这是一种堕落，也是一条通往孤独的路。

68　以旁观者视角看待自己

人要拥有另一双眼睛。

建议你拥有另一双眼睛，从外部眺望忙忙碌碌、迷茫、悲伤的自己。

当你有了这双眼睛，无论在什么情况下都不会迷失自己，也不会被情感左右而做出愚蠢的事情。你会有一颗坚定的心，不说无聊的话，学会谅解别人。

这就是超越之眼，也可以说是理性之眼。

理性是我们各自具备的，但大概又不是属于我们人类个人的吧。因为理性的判断在任何时候都不会错，总是正确的。

所以做坏事马上就会心不安，通常被称为"良心之痛"，但实际上是被理性这把锐利之剑刺痛的。

69　发自内心的思考

所谓富足，并不是指物质丰富，富足就是把物品或物品的用法分享给大家，让大家都满意。

"这里有一个桃子，要分给三个人，怎么分？"这是禅师对修行僧提出的一个问题。

大多修行僧不能马上做出回答。因为这是桃子，不像梨的果肉那样甜度均匀，桃子的果肉甜度不均，所以很难均分。即使正确地分成了三等份，也会因为有的地方甜、有的地方不甜而变得不平均。

那么，问题的答案是怎样的呢？其实非常简单，把桃子随意切成小块，大家互相谦让，友好地吃就行了。

也就是说，问题不是如何等分，而是如何获得各自的满足。对有些人来说，并不是只有甜的果肉才算好，梨核附近酸酸的部分，更能让人感受到季节的气息，他们认为这也是好的。单纯用数学上的质和量来等分，内心就狭隘了。

　　如果不以发自内心的观点来思考问题，对问题的解决永远做不到真正的平等和满足。

70　保持俯瞰的视角

有个词语叫"近视眼"，意思是只看眼前的事物，看法局限、判断狭隘。但是，为了应对日常的具体事情，我们需要这双眼睛。

此外，我们还需要一双能洞悉全局的眼睛。能看清现在和自己有关的事情，以及做事方法在整体中处于何种位置，发挥着怎样的作用。如果没有这双眼睛，可能就找不到工作的乐趣，也无法展望自己的生活了。

最后，还有一双眼睛，是一双无论在时间上还是空间上都能俯瞰一切的眼睛。

用这双眼远远望去，感觉自己是别人，如果很难想象的话就登上高楼眺望远处和俯视地面。

如此一来你会感慨万千，你可能会真切地感受到自己只不过是茫茫人海中的渺小一员，也会明白自认为难以解决的问题是多么微不足道，由此产生一种无所畏惧的力量。

总之，你的内心会发生某种变化，这就是俯瞰之眼。可以以此为支点，锻造出全新的自我。

71 不要以结果和报酬为目的

想要过摆烂的人生其实很容易，以结果和报酬为目的活着就好。

在现实生活中有很多这样的人，为了得到这样的收入而做这个工作，进入这个公司，和这个人亲近。最后的目的就是报酬，在此之前所做的一切都是工具和手段，其间遇到的人和发生的事对自己来说只是为了拿到报酬的无意义的过场，真正有意义的就是得到自己设想的结果和报酬。**那么，这样的人生到底如何，看看那些为了收入而工作的人就明白了。**

少男少女们按照大人们的期待扮演成"好孩子"亦是如此，是在按照他人设想的结果而活。

引发这种行为的不是他们本人，而是周围的成年人。因为成年人只能在结果中发现意义，这种想法促使少男少女们只能如此回应。当他们有一天忍受不了这种欺骗，会以某种方式失踪，那不是反抗，而是逃出地狱。

无论做什么，人如果只为了结果而活，最终会失去生存的意义。因为知道失去意义等同于死亡，所以人们只能沉溺于某些事物来掩饰内心的恐惧。吸食大麻、纵欲玩乐就是其中一种表现；有人老了之后，通过兴趣爱好、体育运动、旅行等来掩饰自己的不安也是一种表现。

地狱的入口不是虚设的，把结果等同于人生意义的想法就是入口。

72　把精力放在触动心灵的事物上

把精力放在与精神世界相关的事物上，没有比这样做更具价值的了。把注意力放在物质和金钱上不是真的有价值，因为物质和金钱是人类的工具。

那么，什么才是真正有价值的呢？是触动心灵和精神的东西。例如，艺术作为一种物质是毫无价值的。但是，艺术的表达能触动我们的心灵和精神，所以我们发现它具有不可替代的价值。

当然，即使是我们平时使用的语言也有人性的价值，通过在何时何地怎样表达，就可以看到对方的内心和精神世界。

不仅是语言，实际上，日常生活方式也如实地表现了我们的内心。

心和精神不会永远被掩盖，无论什么样的内心想法和精神，一般都会体现在容貌、姿态、走路方式、语言和行为上，这才是人类对他人的价值，而物质和金钱只是工具。

所以，每个人的生活方式就是丰富多彩的人性价值的体现。

73　接受迷茫和停滞

人之所以迷茫，是因为不满意、不满足。

很多情况下，一个人得不到满足的东西除了信息、知识、经验之外，还有精神上的意志、胆量、欲望、精力、心理准备、外部条件、干劲等。年轻人在很多方面得不到满足，容易迷茫。反之，坚持不懈的人可以获得满足，所以很少迷茫。

在做事情的过程中感到迷茫，既不是耻辱也不是罪过。在迷茫中进行各种尝试和摸索，把不足的东西弥补上，迷茫就会变少。

糟糕的是迷茫本身会令人困惑，会让人放弃必须坚持的东西。

于是，不安加大，越来越没自信，陷入苦痛的、纠结的循环里。

如果遇到这种情况，可以试想"跨过这道坎就好了"。换言之，不论是体育运动还是脑力作业，或者日常工作，其间都会经历难以跨越的阶段，其实这时的迷茫和停滞恰恰意味着终点的来临，只要接纳它，跨过这道坎就会豁然开朗。

无论做什么，都会遇到一定程度的困难，如果不克服它就不能圆满完成。正因为克服了困苦和迷茫才能品味到成就感，满足感也会增强。

迷茫和停滞的程度越深，跨越它之后的喜悦就越强。所以，我们要接受迷茫和停滞。大概是因为人类拥有了跨越困难的力量，所以人生才会出现种种障碍吧。

74 把一切交给偶然

无论是谁，只要回顾至今为止的人生都会察觉到，在人生的重要时刻发生的各种各样的偶然塑造了现在的自己。众多的偶然交织成一体，形成了整体的必然。

这种不可思议的现象是无法解释的，这些偶然的奇迹也有无数多。所以无论是谁，想要的东西终究会得到，不强烈执着的东西自然会消失。回过头来看，一切都是绝妙的组合，形成了统一的整体。

如果清楚地认识到这一点，不安就会消失，变得怡然自得和乐观。

要知道今后也会如此，想要的东西总有一天会以某种形式得到，不重要的东西终究会消失。

短时间内看，人生好像充满了不合理。但从整个人生来看，无论怎样的不合理都是必然。无论是幸运的偶然，还是糟糕的偶然，都是生命对自己的关照。所以，如果陷入了不知如何是好、无法做出正确判断的境地，什么都不做，原地等待也是不错的方法，等待外部突发的偶然事件改变现状。

　　另外，坚持不懈地思考也是解决问题的一种方法。不要一味地担心，要好好思考。也不要觉得思考无用，因为思考能激发出新的偶然。虽然没有马上意识到，但最后你会明白认真思考对解决问题的意义。所以，思考也是一种不错的方法。

75　到古籍中寻找智慧

去书店时，你会发现书架上很少有古籍售卖，因为古籍不好卖。然而，越不售卖，买的人越少。形成这种恶性循环的根本在于人们觉得古典书籍的内容与现代社会不相符。

那么，古典的内容真的不适用于现代吗？来看一下帕斯卡《思想录》中的内容，"当我们感觉到现实中的快乐是虚假的，而还不知道未体验的快乐是空虚的时候就会见异思迁"。这段文字清晰地阐释了生活在现代的我们的见异思迁、善变、反复无常、心思不专的本质。

如此看来，以前生活在异国他乡的人和现代生活在大都市的人都一样。

普林尼的话也引人深思，"越是被想象支配的人，越是不幸的人"。

对人性的洞察，以及是否具备如此深刻的洞察力，将会对生活方式和思考方式产生重大影响。

这种洞察就是智慧，智慧就在那里，如果不去了解它岂不是太可惜了？

76 不要盲目相信被称为真理的东西

有一种方法可以识别它是否是真理。

那就是无论在哪个时代，无论在什么地方，对孩子、老人、病人也通用的东西。

就目前而言，对任何事物都不怠慢、能被视作真理的只有爱。

第七章

修炼"快乐生活"的大脑

77 改变心态

一张纸不可能飞起来，但是把它折几下，折成纸飞机的形状，它就会越过屋顶飞得很高。

我们可能会因为如此单纯的变化而感到吃惊，只是改变了物体的形状，就使以前不可能的事情轻易地变为可能。

仔细想想，很多物体都是通过改变形状使不可能成为可能的，那么人类又如何呢？

人类不能发生物理的改变，但可以改变心灵、态度、语言和行为。这些改变不可能不影响周围的人。这种影响扩散出去，不久就会改变世界。

当然，改变可能是好的，也可能是不好的。

无论怎样改变，都无须量子物理学家用量子理论来教我们，我们通过一张纸不可思议的变化就能学会。

78 自己选择人生的颜色

生病是怎么回事，有什么意义，关于这个问题有很多不同的解释。

◎ 生病是不幸的。

◎ 生病是走向死亡，是生命力的衰退。

◎ 所有的疾病都是物理原因引起的，因此无论得了什么病都与患者的人格无关。

◎ 生病是"要稍微休息一下"的信号。

◎ 应该认为，生病给了我们一个远离忙碌的日常，一边慢慢疗养一边重新审视自我的机会。同时也是学习生活意义的机会。

◎ 日语的病用"病气"两个字表达，正如字面所示，是由气引发的疾病。气，即精神、意志、心境。因此可以说心情影响病情。

◎ 生病的时候会感受到很多爱。来自医生、护士、探病的人、病友、兄弟姐妹、朋友等，生病让我们获得更多的爱。此外，那些平时没能表现出爱的人，在这时也能表现出来。疾病带来痛苦的同时也带来了爱。

大多数人都可以用以上内容来解释疾病的意义，也就是说，疾病既可以成为黑暗凄惨的东西，也可以成为隐藏着光明和希望的东西。

生病是这样，人生的其他事情也一样。人生涂成什么颜色取决于自己选择哪种颜色的颜料。

79　在问题中寻找答案

　　无论是按照自己的方式好好地活着，还是邋遢地活着，或是对人生不屑一顾，生命中都会遇到大大小小的、各种各样的问题。

　　有些问题用金钱就能解决，有些问题如果不发生颠覆性的奇迹就无法解决。其实，任何人都会遇到必须解决的问题，只是外人不容易得知而已。

　　但是，如果认为这些问题很麻烦的话，那么解决问题就会感到痛苦。逃避痛苦是人之常情，其实有时比起逃避，直面解决问题更容易。人们只有做了之后才会明白这个道理。

　　解决问题时会感到痛苦，是因为觉得这个问题没有意义、无聊；或者认为这件事情本不应该发生，却因为某人发生了；还认为工作以外牵扯出这样的问题，真是浪费生命。

　　但是，有一种方法可以毫不费劲儿地解决那些令人觉得麻烦、费事、无聊、浪费时间的问题，方法就是在问题中寻找答案和意义。一旦你这样做了，就会觉得也许这个问题教会了自己改变心态；也许这个问题是在教导自己拥有坚持下去的力量；也许是在提醒自己还不够热爱；也许是在告诫自己要坚强。

如果能在问题中找到这样的教诲，问题就会变得弥足珍贵，成为人生中不可或缺的东西。对于这些珍贵的东西，人们不可能抛弃吧。

这些教诲只能被个体吸收，很难诉说给他人，并被他人理解。

80 开心工作吧

如果只为了钱而工作,压力、空虚、疲劳感会倍增。因为找不到工作的乐趣,所以很难坚持下去。现实生活中有不少人反复跳槽只是为了寻觅一份适合自己的工作。

但是,找到适合自己的工作是一件很奇妙的事情,这就像是在商品仓库里寻找符合自己喜好和尺寸的衣服一样,可遇不可求。

然而,工作不是东西,有个性的、适合自己的工作不会隐藏在某个看不见的地方等待被自己发现,它需要人的参与。

无论什么样的工作,只有参与了才能激发其独特性。此时,我们才能说这就是我要找的工作。

即使是同样的工作,也会因为工作的人的不同而变得有价值或者丧失价值。只要真挚、积极、热忱、细心、不懈怠,工作就会回馈以价值和意义。

所以，工作的真正趣味只有那些深入参与其中的人才能获得。这与通过商品目录了解商品信息不一样，人们不可能通过简单的数据了解某项工作。从这个意义上说，人们对某份工作的认知是受限的。

　　也就是说，工作的价值不是显性的，只有投入和钻研才能使工作展现出勃勃生机。

　　所以，当你参与后，会觉得终于找到了属于自己的工作，也感受到了乐趣。既能享受乐趣又能赚到钱，这就是生命的喜悦。

81　要勤于做生活琐事

人们觉得"琐碎的事情太多，没时间做"，"如果没有家庭琐事牵绊，工作会进展得更好"。

但是，时间真的会被琐事削减吗？如果没有生活琐事的话，工作会进展得更顺利吗？

例如，洗内衣、洗袜子可能看起来是日常琐事。但是，如果不洗干净的话，明天就要穿脏袜子出门，是不是会不愉快。因为生理上的不快会降低工作效率。

好好审视周围事物，并认真思考一下，其实杂事绝不是不需要做的事。

任何看似冗杂的小事都是生活中重要的事，为了心情舒畅地生活，这些琐事是必须要做的。

如果你把这些小事做得杂乱无章，才真会把生活和工作弄得一团糟。但是，如果认真地做琐碎的事情，精

神上会获得安定。此外，内心也会变得清澈，而清澈的内心将会对其他事情产生积极影响。

另外，做琐事也会使大脑的各个角落得到锻炼。因为做琐事需要动手，筛选事物，排序，为做好而下功夫，整合，并最终完成。这些操作可以让健康的大脑充分发挥活力，并提升脑力水平。

82　对工作要热情投入

　　好车是指能按照人的意志自由操纵的车，随心所欲的操作会给人带来直接的快感。驾驶可以把这种快感以简单的形式传递给人们，年轻人热衷于驾驶就是受到这种快感的驱使。

　　但是，做其他事情就没有开车这么简单了。例如，剑道也好，台球也好，除了体力之外还需要智力和技术。如果没有持之以恒的练习，达到纯熟的境界，就不能随心所欲地舞剑，也不能准确无误地把球打进球洞，所以，只有达到随心所欲的境界才能体味它的乐趣。

　　做事会感到有趣是因为已经达到了炉火纯青的境界，同时还要通过有形的或无形的东西展现出来。艺术家就是被这无穷的趣味所吸引，追求极致的表现方式的人。

　　当然，即使不是艺术家，我们小时候通过玩耍也获得过相同的人性的喜悦。因此，在这种内在冲动的驱使下，人们希望把自己真正想做的事情作为职业，并进行各种摸索。

　　但是，人性的喜悦并非潜藏在特别的职业中。无论怎样的职业，如果不习惯、熟练、热爱，就无法体验到预想的喜悦。至于获得喜悦需要多长时间，只有自己的毅力知道。

83　保持温柔善良

雷蒙德·钱德勒在其冷酷的推理小说中写道："人如果不善良，就没有活下去的资格。"

这是因为，建立在知性基础上的读书行为以及听他人说话的倾听行为，如果不具备温柔善良的品质的话是做不到的。

不是娱乐书籍，而是那些主张和思想高度成熟的书籍，它们就像性格刚毅的人一样。阅读这样的书如同交往这样的人，首先必须接受它的一切才能理解它，如果读者没有温柔和宽容的秉性，很难读下去。

所以，我对不读书的人感到恐惧。我怀疑他们是否能理解别人，我甚至觉得他们能理解的只有得失、利害、数字。

但是即使是这样人，如果能把自己的价值观完全搁置起来，读读不同价值观的书籍的话，也能获得些许温柔的碎片吧。再把这些碎片累积起来，其人性也会发生变化。

84 远离无尽的欲望

许多人的烦恼和痛苦来自欲望，是什么样的欲望呢？就是"别人想要的我也想要"的欲望。

流行的东西就是很多人想要的东西。例如，健康的身体、奢侈的生活，人人都想得到。人们美化它们并附加上运气，于是称之为"幸福"。

如果你也追逐别人想要的东西，烦恼和痛苦就会一直纠缠在侧。要问为什么，是因为无论你得到多少都觉得不够，而且他人的欲望会不断变化，无穷无尽，你追逐的东西也会越来越多。

想要得到别人想要的本身就是痛苦的根源。这是因为你至今还未找到自己真正想要的东西，即使现实中得到了很多别人想要的东西，你自己也不会变得富裕，也不会满足。

并不是有价值的东西已经存在于某处，人们可以追逐得到。不要忘记给东西赋予价值的一直是你，而不是别人。

当你意识到这一点时人生就会发生变化，变得更有意义。

85 不要追求"幸福"，要追求"满足"

人人都想追求幸福。

但是，我们追求的不应该是幸福，而应该是满足。

因为任何幸福的事物都长着翅膀会飞走，而满足却像大乌龟一样笨重，绝不会飞走。

日语的幸福也可以写成"仕合わせ"；英语写作happy；德语写作 glück，这些词都源于"偶然"的意思。

也就是说，人们自古以来就知道幸福是偶然获得的。因此，抽中高额彩票也是幸福的一种。

如果希冀这些偶然，失望会变多，因为偶然只是偶尔发生，和自己的行动毫无关系。

但满足却不一样，只要认真努力，无论工作还是生活都会得到满足。因为满足一定可以通过自己的行动获得，这是必然。

也就是说，幸福只能偶然得到且不知道何时到来，而满足能很快地获得。

过满足的日子，过满足的人生，这才叫作幸福。

86 做自己想做的事

必须清楚自己真正想做什么,如果不清楚的话,无论做什么都会觉得不情愿、不得已。总之,只有做自己想做的事内心才会得到满足,这是得到满足的必要条件。

但是,懒惰的人却固执地认为是大环境和周围的人妨碍了自己做想做的事,其实这只是他们自欺欺人的借口,而且,这样想的代价是一直感到不满。

第八章

打造"清晰"的头脑

87 保证“绝对安静时间”

什么都不做，一动不动，随着时间的流逝，像水一样摇晃的心会不知不觉地变得像清澈的镜子一样安静。

这通常被称为冥想，或者禅定。

早上，在开始一天的行动之前，保持 20 分钟左右；晚上 30 分钟左右。

这样做的话，可以沉着冷静、心平气和地度过一天，晚上冥想的话可以清理一整天的大脑垃圾，还能保持内心的平静。

你会发现效果明显，立竿见影。

所以，为了内心不摇摆，一天中保持几次 5 分钟左右的绝对安静时间。

过了一个星期，你会清楚地意识到自己的内心比以前清澈得多，很难动摇。

　　而且，比以前更能清楚地理解事物。

　　与其说是头脑变好了，不如说是洞察力变敏锐了。

　　但是，饮酒和邋遢的习惯会对此造成很大的影响，所以尽量避免。

88 让大脑休息一下

温柔。神秘。儿时梦幻般的大海。在梦中反复出现的令人怀念的城市和自然风景。

听了前两句乐曲，我的大脑在一瞬间便放松下来。再听后两句，内心便深深地沉浸其中，使我满足，于是获得了能再次回到现实，并开始创作的力量。

你可以试着给孩子一个纸箱，孩子会钻进箱子里，内心获得安稳，身体得到休息。

我们可以把瓦楞纸箱解释成胎儿生活的子宫，其实我们的大脑也需要这样的纸箱，换言之，大脑需要安稳休息的场所。

但是，这必须是一个最长不要超过十几分钟的安放心灵的场所，这是因为待在逃避现实的物理场所里，只会导致精神上的退行。社会上有些人会逃避现实，躲在隔离人群的地方沉迷于某一事物而闭门不出，就是精神退行的表现。

给孩子一个纸箱他们也不会长时间蹲在那里，一般不到 10 分钟就会从箱子里出来开始新的游戏。同理，不比肉体需要长时间休息，我们的大脑休息一会儿便能恢复活力。

可以听听音乐，回忆某件事或某处风景，与自然交流，或者冥想，我们的大脑最清楚该怎么做。只有在那一时刻，才会有融入永久的感觉。

89　不要囚困于自己的情感中

如果用喝醉酒的大脑思考问题并做出判断的话，多数情况下会大错特错，因为不清醒的头脑无法正确思考，那些喝得酩酊大醉的人经常后悔自己在醉酒时做出的判断。

不仅是醉酒的时候，当大脑沉浸在喜悦和音乐中时，或者被激烈的情感所囚困的时候，或者被置于非正常状态的时候，都无法正确思考。

另外，处于睡眠不足、疲劳、怨恨和愤怒、沮丧和失望、过饱或空腹、患病等状态的时候人也不能正确地思考。当然，如果抛开这些东西，人就会变成一个头脑冰冷的机器人，所以，只要是人就很难完全理性。

即便如此，与其感情用事，不如理性一点，这样才能正确地思考。那么，该怎么做呢？只要远离上述妨碍正确思考的种种因素就好。

所谓远离，比如说不要让自己与之纠缠，不纠结。

具体来说，感到强烈的愤怒时就想："感觉这里有人在生气。"把它看成是和自己毫无关系的、别人的事情。像这样有意识地练习，自然就学会了。

90   远离感情用事

前文提到的不纠缠于情感的方法，其实是公元前 5 世纪左右佛教摆脱烦恼的方法。

释迦牟尼告诉我们不要浪费时间去纠缠自己内心的突发情感，要彻底杜绝这种徒劳，冷静、理性地生活，这就是佛教的本质和真面目。其实真正的佛教不是宗教，而是理性生活的方法论。

也就是说，要从烦恼和杂乱的情感中挣脱出来，如果不这样做，就不可能做出正确的判断。

如果不能做出正确的判断，就会犯错，错误会引发新问题，这会让人们陷入另一种窘境，令人痛苦。而痛苦的人很难做出正确的判断，然后再次判断错误……

不要把这种无聊的循环当成自己的性格以及人生。

第九章

磨炼"创造性"大脑

91 对"理所当然"持有怀疑

创新之人，首先是善于发现新问题的人。

但是，为什么别人没发现，只有那个人发现了呢？答案很简单，因为他不把理所当然的事情当作理所当然。

我们大多数人认为这个社会中已经存在的知识、制度、风俗、传统、道德等都是理所当然的，并对此毫不怀疑，认为这些东西已经固定了下来并扎根于社会，支撑社会。

但是，请不要这样深信不疑，先质疑一下，再调查一下，最终会有新发现。

许多人知道自己家是世世代代的佛教徒，但是佛教是什么却从不调查，甚至有人认为佛教是日本自古就存在的本土宗教。

他们对佛教的认知来自周围的人或媒体，可能是一知半解的或支离破碎的，其实诞生于印度的佛教与他们想象的完全不同。

本小节的标题也是这样，日语的"理所当然"应该写成"当然"二字，然而人们却错误地把它写成了"当前"，并"理所当然"地读成"当前"，于是这个词就如此固定下来。

像这样，在这个世界上隐藏着很多本应该发现的事情。

而且，通过这些新发现，你可能成为科学家、创业者，或者成为有见解的作家。

92　让内心"出走"吧

日语"出世"这个词一般用于地位和职务晋升，但其本意是脱离世俗。

所谓脱离世俗，就是要摆脱世俗的价值观。

很多人不仅被世俗的价值观所愚弄，还深受其影响：很在意自己的想法和价值观是否和社会普遍价值观一致，是否和他人一致，甚至努力使自己的想法和思维迎合社会大众。诚然，世俗的价值观中包含了一部分正确的内容，但其中很多都是时代潮流创造出来的固步自封的认知。

如果不能从中脱身的话，只能如大多数人一般思考。

例如，认为金钱和权力是尊贵的；把贫穷认为是邪恶的；认为人生来就有上下尊卑之别；重视行为而轻视想法；拘泥于形式的美；认为人死后会去往某处；死亡一定是悲伤的；等等。

如果我们仍旧认为这些毫无根据的想法是真实的，我们将再也找不到任何新的东西了。这是因为无论遇到什么事情，都会用社会普遍想法过滤一下，无法把事情看得一清二楚。因此，人也就无法真正地社会化或成为成熟的人。

　　所以，社会的普遍想法中不可能出现有个性的想法，如果想展现自己的个性，就不要被既成的社会普遍想法所束缚，而且内心必须步履不停。

93 释放行动力，激发创造力

我想在万里无云的晴天坐飞机，这样就可以从一万米的高空俯瞰地面，心灵清澈而得到解放。

下雨天想喝咖啡，一边听爵士乐，一边看书；白云朵朵的日子，想去看海。这些事情会使我在生理上感到愉悦。

不用每天过固定的日子，即使是必须上班的人，回家的时候也没必要去平时都去的酒馆。

我们一边享受自由，一边用习惯束缚自己，或者有时用效率来限制行动。

其实，我们无须乘坐时间最短的特快列车到达目的地。手里拿着书，坐在各站都停车的慢车上也不错，或者故意绕路换乘。

心情好的话可以边唱边走，天热的话也有穿木屐走路的自由，不刮胡子也好，随心所欲地在堤坝上睡个午觉，不知道社会上的话题，自在地生活。

也可以像古罗马人一样躺着吃饭，也可以像意大利人一样对路过的女孩子献殷勤。在大家都点啤酒的时候，唯独自己喝红酒也不感到害羞。

这是你的自由，请一定好好使用。**因为行动的自由可以唤醒内心的自由，这时你就不会受到习惯和面子的束缚，并且展现出自己本来的实力和被压抑已久的创造性。**

94 珍惜生产创造的时间

　　我的工作是写书,人们认为对着键盘写作就是生产,但事实并非如此。拿工厂的工作打比方,写作只不过是工厂的包装和出货阶段,真正的生产已经结束了。作家的生产指的是阅读、考察、比较、发现、事实调查、进一步考察。也就是说,平时的问题调查和研究就是在生产,而且生产的是作品的实质内容。

　　因此,人类的生产不可能像机器运转一样物理可见,即使是厨师,生产也不仅仅限于烹饪,从去市场采购,思考料理内容开始就已经在生产了。

　　所以,有些人看起来是在休息,实际是在生产;有些人看起来是在工作,但实际上是在适时地玩耍。与机器不同,人类的生产大部分都是精神上的。

　　从这个意义上来说,"劳动时间"和"时薪"的概念不合适也不准确,这两个词无法涵盖真正的劳动时间。并且,到底是在生产还是在浑水摸鱼,他人无法从外部甄别。

我认识一位成绩优秀的学生，每天社团活动结束后很晚才回家，回家之后也不是坐在书桌前看书，而是一动不动地什么都不做，旁人看来就像是在发呆。

但这是他独特的学习方法，当他什么都不做，一动不动的时候，正在从头到尾地仔细回忆当天的课程，就像回放存储的视频一样。比起坐在书桌前花了很长时间做练习题的学生，他学得更好，成绩更优异。

我也差不多，面前放着一杯冰茶，坐在街角的咖啡店里一动不动，其实是在构思文章的结构，如果没有这样的时间，我就不能对着键盘轻松地写作。像这样，人类何时才能发挥能力进行生产活动是很难判断的。另外，即使是本人，也不能完全了解自己何时才能进行创造性活动，因为人类的大脑即使在睡觉时也会以神秘的方式进行生产创造。

所以，怎样才能有效率地进行生产创造，即使苦苦找寻方法也很难得到理想的答案吧。其实我们此时此刻、刚刚、昨天、明天都在进行，时刻在为创新做准备，只是我们自己没有意识到而已。

　　由此可见，人类是多么具有创造性的存在啊。

95 让时间变长

做有创意的事情需要花一定的时间。因此，为了获得时间，要么早起，要么牺牲做其他事情的时间，这是惯用方法。

但是，时间并不单纯是物理上的，虽说时间有很多，但未必都能好好利用，因为时间与精神相关。也就是说，当人的精神状态不同时，时间的长短也会不同，时间可以长而丰富，也可以短而贫瘠。

延长时间、丰富时间的方法之一是消除噪声和杂音，关上电视，不要惯性地上网，身边不要再放广告单和杂志等。另外，有些出版物也会成为强有力的噪声，所以要拿开。

总之，排除扰乱心灵、改变心情的东西，时间就会变得长而丰富，一旦你这样做了，马上就能感受到效果。当你感觉已经过了一个小时，但实际上只过了二十分钟，比平时多出两倍的时间。

早上不看报纸也是延长时间的方法之一，其实报纸浓缩了社会上的噪声，没必要拿这种噪声来混浊早晨清澈的心，而且，事实上只有极少数人早上必须知道报纸上的信息。

　　心静了，时间就变长了，如果因为无聊的事情而生气或烦躁的话，一天的时间就会被消磨掉，这么做只会浪费一天的生命，没有任何意义。

　　想让内心平静下来，也不用特意像僧人般坐禅，只要牢牢抓住自己应该做的事情，想想要实现的目标，心自然就会静下来，变得具有创造性。

96 学习知识，重塑自我

　　会识谱的人可以边看谱边听音乐，不会识谱的人不仅听不懂音乐，还觉得乐谱很复杂。

　　世界也像乐谱一样，会因为人的知识和看法而变得有意义或没有意义。也就是说，只要增长知识，世界就会变得具有崭新的意义，变得更清晰。

　　如果能找到新的意义，就会产生新的想法，这可以使每天的生活焕然一新。知识的意义就在于此，知识可以赋予人类新的生机。

97　克服头脑僵化

　　头脑僵化、冥顽不灵的人大致可以分为两种：一种是把在学校学到的东西构建成自己的思维框架，还有一种是把社会上的经验构建成自己的思维框架。无论哪种，思维都被束缚了，头脑变得僵硬。

　　在学校学习的知识作为常识性的一般教育是有意义的。然而，数学这门学科却未必，所学知识不一定都是正确的或是真理。而且，大多数文化知识也只不过是现阶段的一种妥当的、合理的假说而已。

　　因此，所谓的学问就是探索是否存在更妥当、更合理的知识，也可以说学问是否定或超越现阶段知识的知识。而且，要知道即使找到了新的答案，那也只是假说。

　　如果不懂这个道理，认为既成的知识总是绝对正确的，脑子就会僵化。

　　很多人把从社会经验中得到的东西作为思考的基准，认为"这件事就应该是这样的"，公式化地思考问题。其实这不是广泛通用的思维，而是一种不均衡的偏颇思维。但是，只要把思维限定在这一公式里，就会觉得自己是正确的。这种思维公式有时就存在于我们身边，有时存在于公司组织或某一行业里。

克服这种显而易见的僵化思维的方法是尽可能地阅读书籍。书籍是大千世界，阅读是另一种重要的人生体验，这种体验穿越了时空，遍及古今东西。如果不读书，思维不会扩展，自身也不会成长或改变。

这是人们自古以来就明白的道理，但真正践行的人却很少。只有真正践行的人，才能改变世界和自己，你不想成为那样的人吗？

98 积极地交换意见

日本人有着奇妙的感受性，觉得说出去的话再改变或修正是可耻的。而且，一旦意识到自己也不确信或想法有不足时，就会保持沉默，不说出自己的意见。

这种态度既怯懦，又狡猾。故意不发表意见绝不是好事，交谈时不发表意见是对他人的忽视，内心阴暗且没有建设性。即使在亲密关系中，如果默不作声地揣度对方而不交流，也很难了解别人的内心。

西方哲学出现在距今两千五百年前的地中海，很多外国人因贸易往来聚集在一起，一边吃饭一边活跃地交换源自不同文化的彼此的意见，通过探索什么才是真理，孕育了哲学这一涵盖所有学问的、博大精深的学识。

现代的情况也一样，**只有毫无顾忌地发表意见，才能产生新的想法和发现。不是无关紧要地闲谈，而是广泛地交谈。不要借着聚会大张旗鼓地召开会议，应该放松下来，不考虑任何得失，坦率地阐述自己的意见。**

孩子们觉得学校无聊也很正常，因为教师在漫不经心地讲授当天的课程时，学生们必须保持安静。孩子们脑子里冒出的疑问，或是闪现出的突发奇想要在当下说出来才有趣，而老师一般会阻止这种行为。

　　但是，只有这样做才能产生智慧，智慧是有趣的东西，是最有益于人脑的游戏。因此，应该毫不害羞地发表自己的意见，并享受彼此的思想，这样才能产生新的见解。

99 遇到不懂的事情不要逃避

弄不明白的事情并非与自己无关，很多弄不懂的事情都需要自己去理解。

有些事情要通过经验和几次失败后才能弄明白，有些事情被教之后就能弄明白。无论怎么做，人生中重要的事情几乎都要自己参与之后才能获得答案。

遇到不懂的事情就去逃避，这个问题总有一天也会以另一种形式出现。所以，必须用当时的年龄经验和知识勇气自行解决，这样做之后就会诞生新的自我。

有些人的工作性质就是把这种模式不断升级和反复，并展示给别人看，他们就是艺术家，画家、音乐家、作家……他们每一次都会遇到不懂的事情，每一次都会解决它，把已解决的东西表现在作品中，通过展示这些作品再次与新的未知的事物相遇。

他们的日子就像一场无止境的障碍物竞赛，虽然很累，但很开心。因为如此，所以，即使累了，也能马上恢复活力并进行挑战。

当遇到不懂的事情感到麻烦的时候，有些人就会复制从前，敷衍了事。这是千篇一律、不求改变的表现，说明这个人已经没有勇气、不再年轻、没有精力了。

著名画家莫里斯·郁特里罗因生活富裕而放弃了与新的、未解的事物的相遇，晚年总是模仿自己过去的作品，其实那已经不是艺术了。

遇到不明白的事情确实很痛苦。然而，这才成就了艺术的光辉，同时也是人类的光辉。虽然当事者很痛苦，但是人类会因此得到升华和美丽的重生。

与此相反，最差劲的不是因为不懂而失败，而是遇到不懂就逃避。